U0290326

地平线系列

太阳的面具

Mask of the sun

〔美〕约翰·德沃夏克 著
金泰峰 译

2019年·北京

John Dvorak

MASK OF THE SUN

据 Pegausu Books 2017 年英文版译出

谨以此书献给莎拉和乔伊丝

感谢她们一直以来启迪着我的人生

美国海军飞艇“洛杉矶号”。美国海军供图，摄于 1929 年。

1925 年日全食时飞艇“洛杉矶号”上的乘员，右数第二个为总航信士彼得森。摄于 1925 年 1 月 24 日，保存于美国国家档案记录管理局，编号 80-G-460206。

彼得森正在测试用于拍摄日食的摄像机。照片保存于美国国家档案记录管理局，编号 80-G-460210。

彼得森和摄像机在“洛杉矶号”顶部。照片保存于美国国家档案记录管理局，编号 80-G-460202。

印度布巴内什瓦尔市穆克泰实瓦勒寺庙内室过梁上雕刻的九颗行星（navagrahas）。上排左起的七个石像分别代表太阳、月亮、火星、水星、木星、金星和土星，看不见的行星罗喉与计都位于最右侧。阿拉米图库（Alamy Stock Photo）供图。

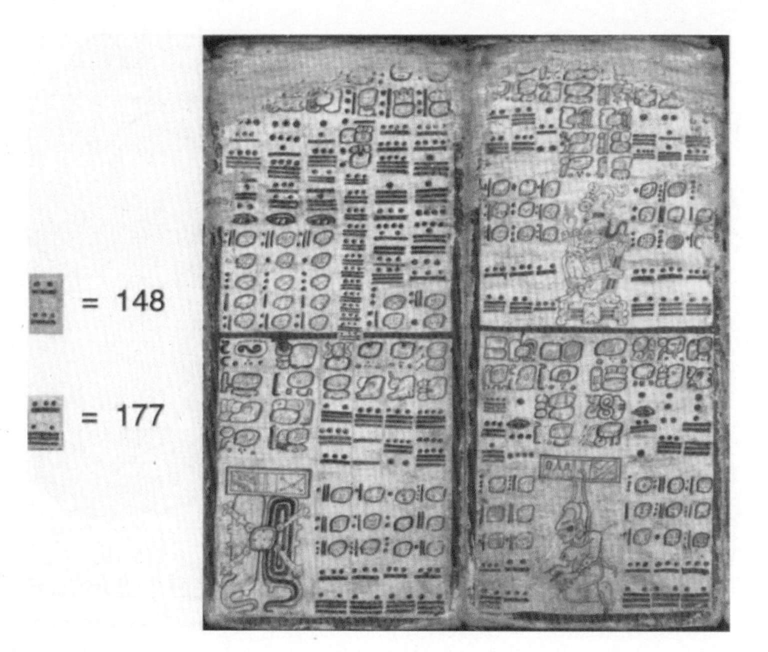

德累斯顿手抄本的第 52 页（图左）和第 53 页（图右）。数字 148 在第 53 页出现了一次；数字 177 则在两页底部共出现八次。

安提基西拉机器的碎片中最大的三块。中央碎片上最大的齿轮上有 223 个齿，这恰等于一个沙罗周期内满月出现的次数。卡迪夫大学（Cardiff University）/阿拉米图库供图。

左：商朝的甲骨（牛的肩胛骨），约为公元前 2000 年。中国国家博物馆供图。

右：美索不达米亚出土的一块泥板碎片，约为公元前 1000 年。大英博物馆理事会供图。

埃德蒙·哈雷预测的 1715 年日食时月亮阴影穿过英格兰的路径图。伦敦皇家天文学会供图。

1878 年 7 月 29 日由瓦萨大学的玛丽亚・米切尔领导，在科罗拉多州丹佛市进行的一次日食探测。楠塔基特玛丽亚・米切尔协会供图。

1898 年 1 月 22 日由利克天文台的威廉・坎贝尔领导，到印度热尔市进行的一次日食探测。利克天文台、加州大学圣克鲁斯分校图书馆特别收藏区供图。

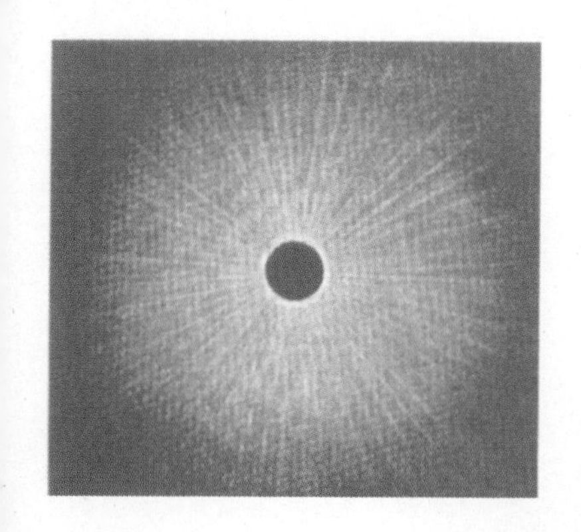

若泽・华金在纽约市金德胡克区绘制的 1806 年 6 月 16 日日全食时看到的日冕。

萨缪尔・朗利在科罗拉多州派克斯峰绘制的 1878 年 7 月 29 日日全食时看到的日冕。

梅布尔・卢米斯・托德根据其他观测者的共 100 张速写合成绘制的 1889 年 1 月 1 日日全食时看到的日冕。

日全食时的真日冕。约翰・德沃夏克（本书作者）摄于 1991 年 7 月 11 日。

月全食时看到的古铜色月面。约翰・德沃夏克摄于 2007 年 8 月 28 日。

目　录

译者序

本书讲述的内容已远远超出了日月食的科学原理，涵盖了关于它的几乎一切——神话传说、观察与预测、对人类文明的影响，等等，可谓包罗万象。译者虽尽力查证以求准确，但限于学识及能力，译文中难免存在疏漏或不妥之处，望读者谅解。

书中引用了许多其他著作中的文字。对于已存在译（原）本的内容，均引用既存译（原）文，并注明了出处；若未注明，则表示均为译者所译。特别说明，文中多次引用《圣经》中的内容，其译文均引自中文和合本，不再一一注明。另，原文中存在一些谬误之处，与作者讨论后已进行修正，并在文中做了标注。

除少数为大众所熟知的人物外，文中所有人物的姓名均按照新华通讯社译名室编写的《世界人名翻译大辞典》翻译，并在索引中给出了原文。

译者必须感谢中国科学院大学外语学院的外国籍英语教师 Robert H. Tuohey。译者曾有幸聆听 Tuohey 先生的讲授，在翻译此书时也多次得到了他慷慨而耐心的解答。本书作者 John Dvorak 博士和善而风趣，亲自解答了译者的一些疑问。译者的友人倪安婕与郑桐帮助审阅了全文；另一位友人李陶然亦提出了许多宝贵的建议。在此一并向以上人员表示谢意。

在人心浮躁、投机心切的今天，唤醒大众对基础科学的关心显得尤为重要。感谢商务印书馆对引进本书所做的一切努力。相信读完本书后，读者在下一次观赏日月食时，不仅会因眼前的奇景而感叹，更会因其背后的故事和历史而敬仰。

金泰峰

2018 年 6 月 23 日

作者说明

本书中，为保持行文一致，所有日期均使用目前世界上通用的公历年（Gregorian calendar）而非在西方某些特定时期使用的儒略历（Julian calendar）。例如，在 1715 年，埃德蒙·哈雷（Edmond Halley）发表当年伦敦地区可观看的日食时间表时，因当时英国仍在使用儒略历，他给出的日期是 4 月 22 日。我在本书中使用的日期是 11 天后的 1715 年 5 月 3 日，即换算为公历年时日食发生的时间。

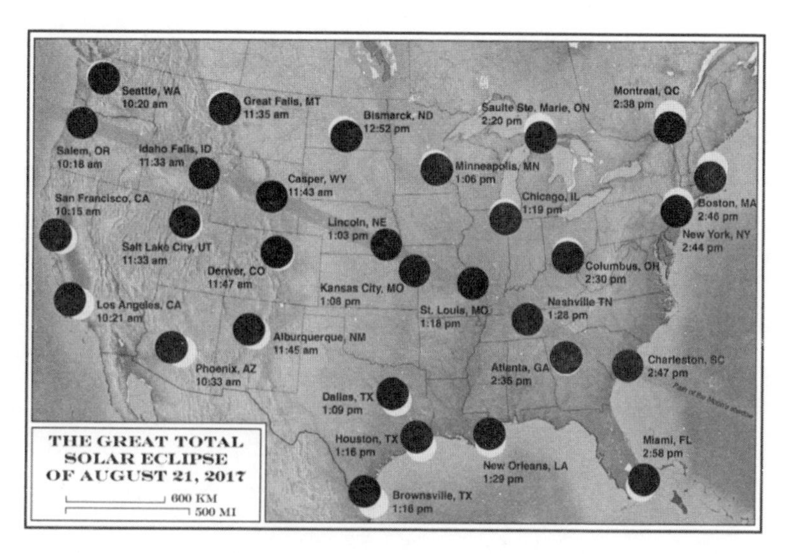

2017 年 8 月 21 日月亮的阴影经过美国的地图。图中标注了部分城市中所见太阳被覆盖面积，以及食甚发生的时间。

我们对眼睛说：看到日食吧；

让我们重睹那诡异非凡的景象。

——弗吉尼亚·吴尔夫[①]，

写于1927年6月29日，

在英国北约克夏郡目睹了一场日食后

① 弗吉尼亚·吴尔夫（Virginia Woolf, 1882.1.25—1941.3.28），英国作家，被誉为二十世纪现代主义与女性主义的先锋，意识流叙述的先驱。著有《达洛维夫人》《到灯塔去》等。——译者注

序言

纽约，1925年

日食可以预测，

科学告知它的到来。

然而当它真正出现，

耶和华的手表啊——竟出错了。

——埃米莉·狄更生[①]，1862年

① 埃米莉·狄更生（Emily Dickinson, 1830.12.10—1886.5.15），美国著名诗人。生平未婚，隐居在家，创作大量诗歌但未发表，直到死后其作品才广为人知，对美国诗歌文学产生深远影响。诗中“耶和华的手表”喻指太阳。——译者注

人们担心的不是云，而是风。

整整两天两夜，巨大的充气飞艇“洛杉矶号”（Los Angeles）被关在机库里，以免遭外面狂风的影响。大风斜吹过地面，似是在威胁“洛杉矶号”：如果它敢从机库出来，就要把它狠狠摔在大门上。

xv

这艘大飞艇的艇长——海军上校雅各布·克莱因（Jacob Klein），经历过一战的老兵——曾是一艘驱逐舰的舰长，护送商船队到法国。对于他来说，在布满水雷和德国潜艇的威胁的水中航行已是家常便饭。艇长接到通知，要求将一位特殊的气象预报专家送到位于新泽西州莱克赫斯特（Lakehurst）的美国海军航空站（Naval Air Station）。“洛杉矶号”就被拴在这里，克莱因正等待着天气转好的消息，哪怕只有一点点也好。他知道，“洛杉矶号”必须在第二天日出之前起飞，才能完成最新的任务：把12名科学家带到空中，以观察日全食。

不得不说，“洛杉矶号”是那个时代的一个奇迹。它是人类历史上最大的飞艇，里面是一个长600余英尺[1]、高近100英尺的巨大气囊。气囊下方挂有吊舱，舱首设有指挥室，舱尾是宽敞的地图室，另设有一间观景室、四间客房和两个卫生间，最多可供48人同时在艇内舒适地起居工作。飞艇内甚至还有一套无线电台，使“洛杉矶号”在空中也能与地面保持联系。

建造这艘巨艇是《凡尔赛条约》的一部分，条约中规定一战后德国须为美国制造这样一艘飞艇作为战争赔偿。飞艇由

① 1英尺约合0.3米。——译者注

位于德国腓特烈港的齐柏林公司（Zeppelin Company）制造。1924 年 10 月，“洛杉矶号”横跨大西洋，抵达了位于莱克赫斯特的美国海军航空站交付美国，这是它的第一次正式飞行。第二次飞行是在一个月后前往华盛顿特区，去接受当时第一夫人格雷丝·柯立芝（Grace Coolidge）① 的洗礼。而第三次，若天公作美，便会是为了观察 1925 年 1 月 24 日经过美国东北部的日全食。

日食发生当天的凌晨三点，气象预报员叫醒了克莱因，告诉他风速已显著减小。两人把身体裹得严严实实的，来到外面，站了将近一个小时。空气温度稳定地维持在让人不住打颤的零上 5 华氏度 *，然而风速的确从每小时 20 英里 ② 下降到了每小时 12 英里。这就够了。克莱因决定让“洛杉矶号”起飞。

当天预定乘艇的 40 人，包括来自美国海军观察所（Naval Observatory）（位于华盛顿特区）的 11 名科学家，都被叫醒了。所有人都穿上了厚厚的羊毛衫和羊毛裤，外加一件专为北极气候设计的防风连衫裤，一对羊毛手套和带有长长袋盖的羊毛帽以保护耳朵。一切准备停当，40 人步履蹒跚地来到外面，乍一看像极了“一队胖子”。他们站在飞机库地坪，沿着短小的金属梯，依次乘上“洛杉矶号”的吊舱。

驻扎在莱克赫斯特的 300 名水手同样被叫醒了。他们也穿上了暖和的衣服，不过没有那些要飞上天的人们穿得厚重。他

① 为美国第三十任总统卡尔文·柯立芝（Calvin Coolidge）之妻。——译者注
* 等于零下 15 摄氏度。
② 1 英里约合 1.6 千米。——译者注

们来到停机坪，被分成两组。其中一组有 75 人，围着吊舱站成一圈，每人抓着一个把手，将飞艇抬到外面。剩下 225 人又被分成 15 人一小队，每个小队拽着从气囊上方垂下的一根绳子，使飞艇维持在地面，等待接到起飞信号再将其放飞。

所有人就位后，克莱因下令轮流启动五台柴油发动机，驱动螺旋桨旋转，它们会让飞艇获得动力。在检查完最后一个发动机后，指挥官下令打开机库的大门。狂风立刻涌了进来，在机库内肆虐。拽着绳子的水手们用力下拉，让飞艇保持稳定。xvii 然后，克莱因下令围着吊舱的人们抬起“洛杉矶号”，但巨大的飞艇纹丝不动。

早前，他们计算过“洛杉矶号”起飞所需氦气的量，然而异常寒冷的天气打破了人们的预期。现在已经来不及加注氦气了，克莱因只好令艇上的 10 人重新下来，其中包括 2 名科学家。

这下飞艇抬得动了。75 名水手提着把手，将飞艇抬到外面。“洛杉矶号”刚穿出机库的大门，一阵大风立刻从飞艇的侧面吹来。绳子剧烈晃动，抬着吊舱的 75 人被吹到数英尺高的空中。克莱因急忙转动螺旋桨，并调整了巨大的尾翼。飞艇逐渐恢复稳定，落到地面上。

刚刚下来的 2 名科学家以及另外 2 人重新登上飞艇。不能再多了。飞艇昂首朝天，缓缓挣扎。75 人松开把手，“洛杉矶号”开始升入空中。到了 1000 英尺高度，克莱因命令启动螺旋桨，飞艇开始盘旋。到了 2000 英尺高度，他命令飞艇向东北飞行。飞艇继续上升，经过莱克伍德（Lakewood）和阿斯伯里（Ashbury）公园的社区上空，居民事后回忆称当“洛杉矶号”飞过头顶时，他们听到了发动机悠长而响亮的噪声。上升到 6000 英尺高度时，飞艇穿过新泽西州的海岸线，克莱因命令飞艇停止爬升。他们经过公共海域上空，来到长岛的沿海。下方是一片冰封的土地，雪白的颜色勾勒出许多小的海湾和河流的入海口。太阳已经高升，天空一片晴朗。再过两个小时，日食就会开始。届时，若一切顺利，“洛杉矶号”就会来到本次飞行的目的地——长岛的东海岸，艇上的乘客们也会为观测做好准备。据估计，日食会持续近两分钟。

还有许多人也渴望目睹这难得一见的壮观天文奇景。后来有人估计，大约有 2000 万人（相当于当时美国人口的六分之一）早早爬起床，动身至月亮投影到地球的路径上，这条路径覆盖了从明尼苏达州到罗德岛的一个窄带。而这个国家最大的城市纽约里聚集了最多准备观测的人，便也不足为奇了。 xviii

这里要讲一个有关此日食的趣事。虽然月亮的投影带长达 1000 英里，经过纽约市时其宽度却不足 70 英里。另外，投影带的南侧边缘刚好会覆盖整个城市。住在曼哈顿区南部或布鲁克林的居民无法看到日全食，而住在曼哈顿区北部或昆斯区（Queens）则可以。于是在那一天日出之前，纽约市的人口发生了大规模的迁徙，数十万人向北移动了一英里多。有人开着车，有人搭乘出租车，有人坐上特别火车或列车，还有的则干脆徒步。这一切都是为了能在月亮的本影区里待上一会儿，哪怕只有几秒钟也好。于是，当太阳升起后，城市北半边所有公园和公共广场上都挤满了人。在每一个可以望到东边天空的街头，人群摩肩擦踵；每一个高楼的楼顶上，人们三五成群，等待着日食开始。

考虑到人们的注意力会被吸引到日食上去，绝大多数的商店和公司都提前告知推迟上班时间，以让职工和顾客有机会一睹它的面目。在哥伦比亚大学，学生们接到通知，日食当天上午的所有课程均取消。为了确保不让犯罪者趁着日食的黑暗作祟，市长约翰·海兰（John Hylan）命令所有路灯在日食结束之前不得熄灭。城市北部辛辛（SingSing）监狱的典狱长则是在当天上午将所有囚犯监禁在囚室里。作为公共服务的一部分，纽约市安排了一场特别广播节目，以便失明者或不便离开家门的人也能参与到这一事件中。

月亮投影带的南边缘覆盖城市的事实提供了一个绝佳的机会以进行一场前所未有的实验。耶鲁大学的欧内斯特·布朗（Ernest Brown）教授是月亮运动研究方面的权威，也是预报日食发生时间与地点的专家。他做了一些计算，预测投影带边缘会落在曼哈顿区第110大街南北约一英里的范围内。为了验证计算结果，布朗教授联系了海兰市长，市长与纽约爱迪生公司的负责人谈了谈，后者同意公司参与协助这项实验。

xix

爱迪生公司的146名员工被两两分成一组，每组人站在曼哈顿西边沿着里弗赛德公路（Riverside Drive）建造的公寓楼顶上，从那里可以清楚地看到哈德逊河与新泽西州海岸线的景观，同时毫无阻挡地看到太阳。两人中的一人负责观察月亮投影带的靠近，并判断其边缘是否经过了头顶向北移动；另一人则通过保护滤镜连续观测太阳，看月亮是否至少有一瞬完全遮住了太阳，或者是否能一直看到太阳的边缘。

1925 年 1 月 24 日，星期六。在运行了无数个年月后，月亮精确地移动到地球和太阳之间，它的阴影最先落在明尼苏达州上雷德湖（Upper Red Lake）的东侧。所有站在那里的人都能看到一个漆黑圆盘状的太阳从水平线升起。

影子继续向东移动，横穿大陆，经过威斯康星州、密歇根州和安大略州南部。它经过了宾夕法尼亚州的北半部、康涅狄格州的大部分和罗德岛，最终进入北大西洋，从法罗群岛（Faroe Islands）的南端离开了地球。

那天最先陷入黑暗的地区是明尼苏达州的德卢斯（Duluth），天气为多云。当地记录下这次事件的人中有一名农夫，暗影经过前的数分钟，他刚把鸡笼的门打开，放它们出来溜达。据这名农夫说，当黑暗突然降临时，鸡们先是愣了一会儿，然后纷纷回到了笼里。

xx

这次日食中，人类首次通过电报连接了大片的区域，这给另一个未曾做过的实验——测量月亮影子移动的速度——提供了绝佳机会。电报员们，因他们出色的判断力和反应速度，被选为实验人员，分配在纽约州布法罗（Buffalo）、伊萨卡（Ithaca）和波基普西（Poughkeepsie），以及康涅狄格州的纽黑文（New Haven），这些城市都是距离投影区中央线非常接近的地区。日食当天的早上，每一名电报员都拿着一个发报键，站在可以毫无阻拦地观测太阳的地方。当看到最后一缕阳光被月亮遮住的瞬间，即暗影覆盖的刹那，该电报员就会按下手中的键，发送一个脉冲信号，通过长长的电线传到数十英里远、位于曼哈顿的贝尔电话公司（Bell Telephone）的办公室。贝尔电话公司的工程师造出了一台新的机器，它能够以 0.1 秒的精度记录下每一个信号抵达的时间。根据这些记录，人们就可以计算出月亮影子移动的确切速度。

布朗教授也算出了这些信号理论上应该抵达的时间。根据他的预测，第一个信号应该在 9 点 6 分 24.5 秒从布法罗传来。信号实际抵达贝尔电话公司办公室的时间是 9 点 6 分 23.7 秒，只比计算值早了 0.8 秒。这对当时通行的计算月球运动的理论是极好的佐证。最后一个观测点纽黑文的信号在来自布法罗的第一个信号抵达 5 分 24.0 秒后传至办公室。地图显示这两个城市的直线距离为 320 英里。据此可以算出，月亮影子扫过纽约和新英格兰（New England）的平均速度大约是每小时 3500 英里——或者说大约每秒钟 1 英里！

xxi

在日食发生前的最后一小时，纽约已陷入欢庆的氛围。许多人拿出了香槟酒，一些在饭店或俱乐部通宵的人仍然穿着晚礼服，计划将这次日食作为彻夜狂欢的休止符。早上 7 点 10 分，太阳升起，城市的人群爆发出一阵欢呼。一个小时后，人们可以通过手中的一块烟熏玻璃或已曝光底片，看到太阳的边缘出现了一小块缺口：这是月亮开始徐徐从太阳面前穿过的首个视觉证据。

直到 9 点，天空才显著地暗了下来。此时，人群的面孔看上去相当奇怪。众人的眼睛周围出现了一圈暗绿色偏黄的圆环，嘴唇则变成了深紫色。阳光只剩下细微的一缕，再过几分钟，日全食就会出现。忽然，毫无征兆地，人群的头顶交替闪烁亮带和暗带，引用一位旁观者的描述，就像是一个巨大栅栏的影子划过地面一般。这一景象持续了近两分钟，紧接着（据某些人回忆）刮起了短暂的一阵狂风，众人感到寒冷加剧。天空继续变暗，太阳只剩下一条银色的亮边。所有人都极力避免发出声音。当最后一道阳光消失，黑暗彻底笼罩地面时，静默达到了顶峰。

许多人事后回忆，那是这座城市在历史上最为安静的时刻。没有人说话，也没有车辆行驶。

然而静谧只持续了片刻。一个珍珠般雪白的光晕——日冕——环绕着太阳，还有无数沿径向延展的光线。人们再次开始交谈，先是轻声细语，尔后音量逐渐增大，直至爆发出吼声。一阵掌声响起，这种掌声在日食过程中出现了若干次。有些人开始发狂一般挥舞手臂，还有人不停地旋转，不过更多的人只是静止在原地尖叫。喧嚣中偶尔传来汽车的鸣笛声，大约有数千辆，此起彼伏。高楼里的人几乎把整个身子探到外面，兴奋地大叫着，敲打铁锅等一切他们拿得动的东西。城市里所有礼堂的钟似乎都在鸣响。

在这席卷了整个城市的狂欢中，站在里弗赛德公路沿线公寓楼顶上的爱迪生公司的雇员们还是设法完成了指派给他们的任务。

xxii

在后来的采访中，每一测量小组里负责观察暗影靠近的成员都称没有看到任何影子接近。不过，负责观测太阳是否完全被遮掩的成员则给出了比较确切的回答。

所有站在第 96 街南侧楼顶上的人都表示从没有看到阳光完全消失，天空中总是留有一丝光线；而位于街道北侧的人则称看到了太阳完全消失的瞬间。事后，人们测量了分立街道南北的两名观察员之间的距离，结果是 225 英尺。尽管月亮离地球约 25 万英里远，它在地球上投下影子边缘的最大宽度却只有 225 英尺。

日食过后，许多人都感到一股莫名的兴奋劲儿徘徊在心头，久久不愿散去。《布鲁克林鹰日报》（*Brooklyn Daily Eagle*）的记者爱德华·里斯（Edward Riis）也观看了这场日食，他粗略地描述了这一感觉："日食过后十二个小时，我仍然心怀敬畏，沉浸在这场奇观带来的无尽宏伟中。"他用一句话总结目睹的景象："我仿佛看到了造物主的巨手。"

当月亮的影子掠过曼哈顿后，过了一秒钟，它才降临到长岛的东端和空中巨艇"洛杉矶号"的上方。艇上的科学家已对观测仪器进行了最后一次调整。一整套照相机装上了各种不同的胶片，以期拍摄到日食的方方面面；用于测量电场和磁场的接收器则准备随时记录电磁场的任何突变。随行的军官被安排协助科学家工作，包括记录仪器显示的数字。有些人接受了如何速写日食的指导，同时被告知留意任何接近太阳的彗星。

然而其中，肩负着最具挑战性——以及让艇上其他人最羡慕的任务的，是海军总航信士官阿尔文·彼得森（Alvin Peterson）。他是海军最优秀、最富经验的航空摄影师，他的任务是爬到飞艇的顶部，进行一项史无前例的工作：拍摄整个日食过程的动态影像。

xxiii

飞艇的顶部通过垂直升降井与吊舱相连。井的下口位于吊舱上方 100 英尺，上口是气囊顶端的一个铰链门，打开铰链门就能来到外面。彼得森从一架梯子攀上升降井。他带着一个三角架，一个摄影机和若干盘胶片，其中包括一盘特制的高感光度胶片，以在日食的黑暗中也能获得足够清晰的成像。

在月亮影子袭来的一个小时之前，他打开铰链门，架好了三脚架和相机。风速稳定在每小时 40 英里，气温远远低于零下。其他人曾两次爬上来询问是否需要换岗，然而他坚持看完全程。在寒冷的飞艇顶部，他总共站了两个多小时。

当完全的黑暗降临，吊舱内的人们立刻开始了忙碌。科学家和海军助手们操纵相机，有一个人专门负责读秒，帮助大家准确掌握时间的流逝。负责速写日冕的人在画纸上描绘观察到的景象。望着外面的指挥官克莱因回忆当时的场面是“最为壮观的一幕”：头顶的天空变为墨蓝色，而投影之外的水平线处则被染成汹涌的橙色和红色。

彼得森已经准备好了。他换好了高感光度胶片，以稳定的速度转动着摄影机。然而，当月亮完全遮住了太阳的一瞬，极端的寒冷立刻向他袭来。他忍受着严寒以及突然降临的黑暗。没有阳光，意味着他看不见脚下的飞艇；天空中出现了繁星和其他行星，以及——一个被完全遮住的太阳。

稍后回到吊舱内，他向其他人描述“那是我体验过的最诡异的感觉”。他进入了某种超凡的状态，感觉不到时间和空间。尽管强烈的风不停地吹在脸上，在那一瞬，他无法觉察任何运动、振动或加速度。

xxiv

医生给他做了检查，发现他的脸、下巴和几根手指严重冻伤，而本人却尚未发觉。他的思想仍然停留在刚才所看到的那一幕——也许他仍在回味，在日食这一天文奇景上演、自己独自观赏日冕白光的时刻，他正位于一个极为特殊的位置：比地面上的数百万观众更为接近太阳。

* * * * *

站在地球表面上看，太阳和月亮的大小几乎完全相同，这纯粹只是一个巨大的巧合。如果月亮距离地球再远一万英里，或是月球的直径再小上几英里，它就无法完全遮住太阳，也就不会发生日全食了。

并非所有的日食都是日全食。月球绕地球公转的轨道是一个椭圆。位于远地点时，它的角距离太小，不能完全遮住太阳，本影区的尾端无法抵达地球表面，这时就会出现日环食：月亮从太阳正前方经过，但无法完全挡住后者，人们可以看到一圈环形的阳光。或者，如果相对地面上观察者而言，月球没有从太阳正前方穿过，而是稍微偏离一些，那么观察者就会看到日偏食。

当月亮经过地球的暗影区时，也会出现类似的情况。如果月球整个进入地球的本影区，即月球上任何一处都没有阳光直射，就会出现月全食；否则，出现的就是月偏食或半影月食[*]。

xxv

上述这一切或许会让人觉得日月食很罕见，但实际上并非如此。若一个人能活到 70 岁，此人可以看到大约 50 次月食，

---

* 详见附录：日月食入门。

其中有近一半是月全食，外加约 30 次日偏食。若不特地移动到月亮投影区内，在自己的居住地看到日全食的概率大约是 20%。

让众多年代学者、地球动力学家、民族志研究者和太阳物理学家感到日食和月食如此珍贵无价的原因在于，日月食中太阳和月亮不同寻常的外貌，以及这些事件发生的频率：据另一份统计，在过去的 4000 年（有记载的西方历史）内，共发生了约 10000 次日食和 6000 次月食。从一次古代月食的记录中，人们才得以知晓第一届奥林匹克运动会在何时举办；也是根据古日食的记录，人们才首次发现地球自转的周期正在以每世纪数毫秒的速度降低。关于日月食和乱伦的神话支持了亚洲人和美洲人来自同一种族的说法。宇宙中含量第二的元素——氦，是在一次日食中首次发现的，直到数十年之后才在地球上发现它的存在。

尽管我们对日月食已了解甚多，可它们仍经常被认为是不祥的征兆。人们总是会将它们与国王或其他王室成员的死亡联系在一起，然而这种关联最多也只是微不足道的。最近还有人猜测日食过后股价会下跌：这或许真有可能。

日月食激发了许多诗人和剧作家的灵感。莎士比亚在《李尔王》中写到了月食和日食。约翰·弥尔顿[①]在《失乐园》(*Paradise Lost*) 中描写了一个故事，将日月食的“灾难之光”归因于堕落天使路西法受损的形象。弗吉尼亚·吴尔

① 约翰·弥尔顿（John Milton, 1608.12.9—1674.11.8），英国诗人、辩论家、思想家。著有《失乐园》《论出版自由》等。——译者注

xxvi

夫（Virginia Woolf）不惜坐了一整晚的火车，只为赶去看一场持续仅 24 秒的日全食。加利福尼亚州利克天文台（Lick Observatory）的台长威廉·坎贝尔（William Campbell）①曾追去看一次仅有 1.5 秒的日全食。当波士顿红袜队②在 2004 年赢得时隔 86 年的世界棒球联赛冠军时，该队的球迷们曾欣喜若狂，而一些球迷则将胜利归功于当晚几乎持续了整场比赛的月全食。

亚历山大大帝③、奴隶纳特·特纳④、英国军官托马斯·劳伦斯⑤、阿尔伯特·爱因斯坦——他们的人生虽然迥异，但都受到了日食的影响。英国探险家詹姆斯·库克⑥在环绕太平洋的 3 次旅途中，记录了共 11 次日食和月食发生的时刻。这些时刻曾用于确定遥远地点的坐标，并借此绘制更精确的世界地图。

---

① 威廉·W. 坎贝尔（William Wallace Campbell, 1862.4.11—1938.6.14），美国天文学家，在 1901—1930 年担任利克天文台台长。——译者注

② 美国职业棒球队，创建于 1901 年，是美国棒球联盟最早的八支球队之一。——译者注

③ 亚历山大三世（Alexander the Great，公元前 356.7.20—公元前 323.6.10），通称亚历山大大帝，马其顿国王。曾征服整个波斯帝国，被认为是历史上最成功的军事统帅之一。——译者注

④ 纳特·特纳（Nat Turner，又译奈特·杜纳，1800.10.2—1831.11.11），非洲裔美国奴隶，曾领导弗吉尼亚州的奴隶和自由黑人起义，后被捕吊死。2002 年被列为一百名最伟大的非裔美国人之一。——译者注

⑤ 托马斯·爱德华·劳伦斯（Thomas Edward Lawrence, 1888.8.16—1935.5.19），英国考古学家、军官、外交官、作家。曾参与 1916—1918 年的阿拉伯起义，著有《智慧的七柱》（*Seven Pillars of Wisdom*）等。——译者注

⑥ 詹姆斯·库克（James Cook, 1728.11.7—1779.2.14），英国皇家海军军官、航海家，又称库克船长，是首批登陆澳大利亚东岸和夏威夷群岛的欧洲人之一，创下首次有欧洲船只环绕新西兰航行的记录。——译者注

马萨诸塞州阿默斯特（Amherst）的梅布尔·卢米斯·托德[①]是世界上首个追逐日食的人，在十九世纪末到二十世纪初的岁月里奔走了无数地方。当她不在追逐日食或在家里讲授关于日食的内容时，她便是在做另一件极不寻常的事情——编辑埃米莉·狄更生的诗作。

于是我们又回到了海军总航信士官彼得森的身上。他站在世界最大的飞艇之上，距离地面有一英里之遥，这给了他比世界上任何看过日全食的人更为优越的观赏视角。然而，精确预测日月的运动，以在正确的地点和时间观看这一次日食的背后，却凝聚了数百万年的准备工作。接下来要讲述的，便是关于这漫长的准备工作的故事：在不同的历史时期，不同地域的文化各自做出了独特的贡献。以及，还有许多被人遗忘的故事，讲述了日月食如何影响了历史——还有我们现在的生活。

① 梅布尔·卢米斯·托德（Mabel Loomis Todd, 1856.11.10—1932.10.14），美国作家、编辑。——译者注

第一章
异端与教皇

云翳亏蚀也能遮暗月亮太阳[1]。

——威廉·莎士比亚，

《十四行诗》第35首，写于约1600年

到1626年的夏天，教皇乌尔班八世（Pope Urban VIII）的任期已进入第三年。他可以问心无愧地满足于自己的功

① 译文引自《莎士比亚全集40：十四行诗》，梁实秋译，中国广播电视出版社。——译者注

绩：他曾在法国和西班牙之间斡旋，成功令双方缔结了和平条约，避免开战；然后又说服了两国天主教的国王，让他们的联[1]军剑指英国的新教国王查尔斯一世（Charles I）。在附近的乌尔比诺公爵过世后，他命令梵蒂冈的军队占领了公爵的领地，进而吞并了那个小州，以更容易抵御罗马。他甚至设法私下里与友人伽利略·加利莱伊（Galileo Galilei）见面，准许后者及佛罗伦萨人出版一本关于描述地球绕着太阳转的书籍——前提是声明该想法只是一个假设。然而，也有其他事情压在教皇心头上，其中居首的便是占星术士预测他即将殒命的传闻。

在文艺复兴时期的罗马，预言教皇的死亡并不稀奇。45年前的1581年，有许多关于格列高利十三世身体欠佳的流言，其中有一个占星术士预言教皇将会在10月16日死去。实际上格列高利教皇比预言多活了四年，只不过最后的四年里他一直笼罩在随时毙命的恐惧下。然后便是1591年伊诺桑九世的死亡，他是连续第三个任期不足一年的主教。他的死亡突然而离奇，然而在他去世的那一天，所有罗马人都看到了：当太阳西斜时，东方的天空升起了一轮血红色的满月。在这最不详的天象出现后仅数小时，伊诺桑九世便暴毙身亡：那天恰好发生了月全食。

文艺复兴时期产生的占星术与如今报纸上随处可见的简化版星座占卜毫无相似之处。在当时，占星是一个复杂艰巨的任务，需要大量的计算作为支撑。实际上，占星术士的工作几乎等同于数学家的活计：其计算涉及了当时已知的所有数学分支，以精确地预测太阳、月亮和五颗可见的行星在未来某个确定的时刻会位于何处。根据计算结果，人们会做出各种重大决定，于是他们对占星术士的重要性及准确性深信不疑。乌尔班八世及他的前任们也不例外。

实际上，乌尔班八世雇用了一群占星术士，专为住在罗马的红衣主教们算卦，以期立刻得知哪一位红衣主教可能会染上重病，或是遭遇意外而身亡。当有人预测出他的死亡时，他并没有付之一哂，而是命令手下的占星术士验算。他们核实了结果，认为该预言基于可靠的占星术理论，是正确的。

2

这个预言根据的是 1628 年将发生的两次日月食。第一次是月食，将发生在 1 月 20 日；第二次，也是更为吉利的一次，是日食，将发生在 12 月 25 日，届时太阳和月亮会排列在人马座的位置，而代表教皇的两颗战士行星——木星和火星，则会近距离交会。

乌尔班立刻对此做出了反应。他命令从所有公开的记录中抹去有关他出生时间和地点的信息，因为这两点对于做出一个人命运的可靠预测至关重要；他还知道，只要有适当的对策，就可以消除这两次日月食的险恶影响。为此，他需要一名大师级的魔术师——而且他知道从何处寻。

托马索·坎帕内拉（Tommaso Campanella）是多明我会（Dominican）的一名神父，他曾被关押在宗教法庭的监狱里长达 27 年。他的灾难始于 1599 年，看到家乡斯蒂洛（位于意大利半岛南半部）的政局动荡，以及知道次年（1600 年）的年份预示着某种征兆（1600 等于两个魔力的数字 7 与 9 之和的一百倍），坎帕内拉发起了针对西班牙统治者的反抗活动。然而，他手下的两个阴谋家背叛了他，坎帕内拉最终遭到逮捕并被审问。

宗教法庭的法官曾五次批准使用酷刑，以逼迫他坦白，然而五次他都挺过去了。但因他在审讯中行为古怪——例如，他赞扬调查官的工作事迹，并在一次酷刑后连续数天满口胡言——调查官们开始怀疑他是不是疯了。有一种特殊的刑罚，名为彻夜刑（veglia），专用于检验犯人是否发疯。即便根据宗教法庭的标准来看，它也是异常残酷的，因而极少被使用。此刑罚包括用绳子把囚犯捆绑至不自然的位置，并吊在天花板上，然后用一系列刑具扎刺犯人，使其感到疼痛。

3

宗教法庭的规章建议使用彻夜刑不要超过 12 个小时。然而，法官认为坎帕内拉的案件是一个例外，于是后者被施刑长达 36 个小时。最终，法官和两名狱卒，以及另外两名在场的医生填写了报告，并将其送至其他法官以阅读并讨论。法官们得出结论：因为坎帕内拉挺过了酷刑，期间没有坦白或请求宽恕，意味着上帝已经彻底抛弃了他，所以他必然是疯了。根据宗教法庭的规章，坎帕内拉被认为是精神错乱，他永远不能受到任何刑罚或处决，而是在法庭的地牢里度过余生。

在监狱中，坎帕内拉学习了占星术以及如何算卦，并为其他囚犯和一些狱卒占卜。1618 年，狱卒们曾带他来到外面，以期更好的视野能够提高他的预测能力。坎帕内拉还写了几本书，在其中一本里，他声称自己知道一些形式的魔术，可以抵消天体排列在不祥位置时带来的负面效应。正是这一点引起了乌尔班八世的注意，后者命令将他带到罗马。

坎帕内拉打扮成一个农民，悄悄进入了这座城市。他被关在梵蒂冈的一座监牢里，并数次被带到教皇的住处——奎里纳尔宫（Quirinal Palace）（位于梵蒂冈附近），与乌尔班见面并施展他的魔术。在会面中，两人身穿白色长袍，进入密闭的暗室里，以避开外部空气中的邪恶成分。为了净化室内的空气，坎帕内拉喷洒玫瑰醋，点燃由月桂木、香桃木和迷迭香制成的熏香。“没有什么比星星的力量更为强大有效，”坎帕内拉在书中写道，“哪怕恶魔直接向你投毒。”然后，他在墙上挂了一匹白绸，以象征纯洁。他点燃了两盏油灯和五个火炬，代表日、月和五颗行星。坎帕内拉在墙上画了黄道十二宫的符号，又拿出两颗宝石，代表乐善好施的木星和金星。他和乌尔班喝下了在两颗行星影响下蒸馏出的烈酒，随后两人跪下，一边听着室外音乐家们演奏轻柔的音乐（驱散受日食侵害的空气中有害成分的最直接手段），一边由坎帕内拉进行冗长的祷告。

4

仪式奏效了。1628 年 1 月 20 日发生的月食为全欧洲所目睹，然而乌尔班未遇一难。罗马人看到 12 月的日食发生在太阳西斜之时，这意味着灾厄的效力会减弱。不仅如此，月影从未直接从太阳正前方经过，太阳只是被遮挡了一小部分，这同样帮助乌尔班幸免于难。1629 年 1 月 11 日，在确认向圣座效忠时，乌尔班释放了坎帕内拉。一个月后，罗马多明我会首领授予坎帕内拉“神学大师”（*Magister Theologiae*）的称号。

然而没过多久，又出现了一个教皇逝世的预言，并且它同样与日月食有关。做出该预言的是奥拉齐奥·莫兰迪（Orazio Morandi），他是位于罗马附近的圣普拉塞德修道院的院长，也是全市最受尊敬的占星术士。

莫兰迪的预言基于即将发生在 1630 年 6 月 10 日的另一次

日食。嗅到先机的西班牙驻罗马大使、红衣主教加斯帕·德博尔贾（Gaspar de Borgia）给马德里送了信，要求所有在西班牙的红衣主教们都来到罗马参加一个秘密会议，以选出乌尔班的继任者。法国和德国的大使也如法炮制，给自己的国家发送了同样的消息，生怕如果晚了一步，他们的红衣主教就将无缘参加新教皇的选举。

这下，乌尔班感到四面楚歌，坐立难安。他甚至搬到了教皇位于甘多尔福堡（距离罗马有数英里远）的隐居处，这里的警卫极度森严，就连仆从和侍臣也很难接近乌尔班。乌尔班派人叫来了坎帕内拉，要求他再一次施展他的魔术。

5

和上次一样，两人进入密室，喷洒玫瑰醋，点燃木香，挂上绸布，摆出两盏油灯和五个火炬，把黄道十二宫的符号画在墙上，然后开始了长长的祷告。

相克的魔法再一次灵验了。如今我们可以更精确地计算月球曾经的运动轨迹，从而知道那一天发生的日全食从加拿大开始，横穿大西洋后经过法国上空。残缺的太阳最后从科西嘉岛徐徐落下，罗马城内无人见到日食，连日偏食都没有见到。

日食发生五个星期后的 7 月 15 日，莫兰迪被召至宗教法庭的法官面前，一个星期后他便开始遭受各种酷刑。11 月，这位前任修道院院长在牢房内身亡。医生仔细地检查了他的遗体，最终报告称他的死亡是发烧过热导致，并无可疑之处。然而考虑到当时政局中的种种阴谋，至今几乎没有人相信那个医生的结论。

在莫兰迪死后不久，乌尔班便开始了另一个行动，而这一举措足以在天主教的历史上留下重要的一笔。为了理解其惊人之处，我们需要知道，自古以来极少有人怀疑上天能够影响地面的行为。到十三世纪中叶，占星学与算数、音乐和几何一同被列为西方大学课程中的四大人文学科。从十五世纪开始，它还与医学有了紧密的关联，包括博洛尼亚、那不勒斯和巴黎在内，整个欧洲的所有大学里都有精通星座占卜的医学教授；一些教皇还会积极资助占星术士们。然而这一态度逐渐发生了改变。新教徒的改革家马丁·路德（Martin Luther）批判占星术是伴随邪恶的危险游戏；伽利略等人则表明，不借助占星术，我们也能理解自然世界运作的规律。

乌尔班以自己的方式表明了他作为激进主义者的立场。1624 年，他通过一则驱逐公告，禁止了烟草在教堂中的使用；1628 年，他禁止了南美天主教的传教活动中对当地人的奴役。他还针对占星术在未来的使用发表了自己的看法。

6

1631 年 4 月 1 日，他发布了一则教皇训令：*Inscrutabilis Judiciorum Dei*，意为“上帝不可知的判决”，禁止任何天主教的成员及官员参与或从事占星预测活动。这是对占星术意义深远的谴责，乌尔班斥其胆敢“凭借罪恶的好奇心窥探上帝心中埋藏的秘密”。再没有天主教的人能根据星体的影响来预言教皇的死亡了。而乌尔班八世也的确得以长寿，直到 1644 年去世，在位长达 21 年，是所有罗马教皇中任期最长的。

坎帕内拉从未觉得这则训令是针对他的。他继续为人占卜，并称他的占卜用于领悟上帝在星体间预置的“天使般的智慧”。然而，牧师不能一直对他的所作所为睁一只眼闭一只眼，他的固执在罗马最终引来了麻烦。他只好离开罗马来到巴黎，一个能够容忍他与他的技艺的城市。坎帕内拉在多明我会的女修道院找到了安身之处。然而日月之光并没有善待他。1683 年年末，他发现次年 6 月 1 日将发生的一场日食会威胁到他的性命，于是在修道院自己的房间里重演了他曾为乌尔班举行的仪式。但这次，相克魔法没有奏效，在日食发生 11 天前，坎帕内拉便躺在睡床上永远停止了呼吸。

历史上的这段天主教的轶事至今仍在发挥着影响力。1998 年，因顾虑公众对超自然力日益增长的好奇心，教皇约翰·保罗二世（John Paul II）向所有主教发了一封信，以提醒训令的存在，并说“星座占卜中的晦涩迷信”是“与基督教的信条不相符的”。

不过，如果乌尔班八世、坎帕内拉和西班牙的占星术士莫兰迪知道了未来有一位教皇——约翰·保罗二世，基督教历史上最受人崇敬的主教之一——恰是在有日食发生的一天出生，又同样在有日食发生的一天去世，又会作何感想呢？这不得不说十分耐人寻味。

7

* * * * *

不过在历史上，尤其留意日月食的并不只有教皇和天主教会。几乎所有人都认为日月食是不幸或灾厄的预兆。只消阅读莎士比亚的著作，我们就可以找到许多例子。

“最近的日蚀月蚀不是我们的吉兆，”《李尔王》中的格劳斯特侯爵如此说道。《安东尼与克里欧佩特拉》中的安东尼抱怨说：“我们的人间的月亮现在蚀中。”他说，这便是在预言他的灭亡。奥赛罗认为“日月蚀晦”将是德斯底蒙娜死亡这一惨痛悲剧的最佳伴奏；而在《哈姆雷特》中，何瑞修提到预示了恺撒之死的若干凶兆时，将月亮描述为“像到了世界末日一般的陷缺憔悴”[①]。

到了1616年，此时距莎士比亚离世后不到50年，同样宣称日月食为凶兆的、英格兰最著名的历书出版商约翰·盖博瑞（John Gadbury）反复提及爱尔兰和苏格兰将目睹一场日食。这次日食发生在1652年4月8日，星期一，后来的英国人将这一天称为“黑色星期一”，以描述突然变暗的天空。日食给居住在投影带内的居民们带来了巨大的恐慌，许多目击者将其形容为上帝开始发怒或是审判日；一首在日食到来之前创作的民谣在副歌里唱到：“哦，忏悔吧，英格兰；干涸的日子即将到来。”盖博瑞在历书中写道，日食“将暴烈而残忍地倾倒它的影响”，还提醒读者日食象征“国王和伟人的死亡，政权的更迭，法律的改变”。如果有人在盖博瑞出版他的历书时翻阅英国历史上的事件，便会发现其说法并非虚假。

8

安妮·内维尔（Anne Neville）王后是英国历史上最不起眼的统治者之一。没有任何可靠的她的画像，即使她生前写过一些书信，也没有任何一封留存下来。实际上，那个年代的史书

① 译文及人物译名引自《莎士比亚全集》，梁实秋译，中国广播电视出版社。——译者注

里几乎没有提及她。她于 1485 年 3 月 16 日离世，那一天，日全食的投影带穿过了法国和欧洲大陆的腹心。然而，若不是另一件事发生——她的丈夫、约克（York）家族的理查德三世（Richard III）国王在数个月后的身亡也与一场月食有关——甚至连这件事也有可能无法留下记录。

理查德三世在博斯沃思战役，即玫瑰战争的最后一战中身亡，战役的胜者不久之后便成为了亨利七世（Henry VII），也是都铎王朝的第一任国王（Tudor King）。新国王令人将理查德三世负了重伤的裸体摆在莱斯特圣母领报堂（Church of the Annunciation）的拱门下。在尸体摆出来的第三天、也是最后一天晚上，一轮圆月高悬夜空。人们本以为明月之光会照耀前王残缺的尸体，但那天晚上偏偏发生了月食，满月——一种象征——的辉光被显著地削弱了。许多人由此联想到约克家族的势力将成为过去。

皇室人员的死亡与日月食之间另一个值得注意的关联被记录在《盎格鲁－撒克逊编年史》（*Anglo-Saxon Chronicles*）中。这本编年史原本是九世纪在艾尔弗雷德大帝（King Alfred the Great）的命令下开始编纂，之后由一批大多匿名的记录员续写了近两百年。我们感兴趣的那部分记录是在十二世纪，由英格兰伍斯特大教堂（Worcester Cathedral）一所修道院内名为约翰（John of Worcester）的僧人写下。作为一名记录员，他的记录方式并不算很工整。例如，他会在纸张边缘的空白处注明哪些内容最好删去或用别的替代，并留下那些注释。即便如此，他书写的那部分记录如今被奉为至宝，因为其中包含亨利一世

（Henry I）统治期间的内容。

根据编年史中的记录，1133 年 8 月 2 日，星期三，亨利——当时的英格兰国王，威廉一世（William the Conqueror）的儿子——在他执政的第三十三个年头，同随从的骑士们一起，正准备离开英国海岸，乘船前往诺曼底。突然，一片黑云一样的东西出现在头顶的天空中。国王和随从们来到甲板上，啧啧称奇。他们放眼望去，只见太阳好似新月一般。然而此景不长，狭长的亮弧逐渐变窄，直到光芒彻底消失，他们只好点燃蜡烛照明。天空中甚至出现了星星。然后，刚才的一幕倒着上演：先是一道银边出现，逐渐扩大变宽，直至整个太阳复原。许多人都认为这是大事将发生的征兆。亨利国王穿过了海峡，而那个大事也的确发生了：国王死了。

9

他不是马上死的。两年后在法国，他因吃了七鳃鳗而身亡。但对他的手下而言，关键在于他永远没有回到英格兰，许多人便将此归咎于出航那天发生的日全食——一个不祥之兆。

尽管在今天看来，这类宽泛的联系似乎很稀奇，但在历史上不同文化中经常可见它们的身影。罗马史学家塔西佗（Tacitus）曾写道，公元 14 年 8 月奥古斯都大帝（Emperor Augustus）死后一个月便发生了一场月食。发生于 840 年 5 月 5 日的横跨法国的日环食似乎预言了 46 天后该国国王路易一世（Louis the Pious）、查理曼（Charlemagne）之子的死亡。奥拉夫二世国王（King Olaf II）在挪威历史上最著名的一场战争、1030 年 7 月 29 日的史狄克斯达德之战（Battle of Stiklestad）中丧命。而根据《古挪威国王英雄故事》（*Sagas of the Norse*

Kings)，33 日后一个阳光明媚的晴天，天空却突然“变得像夜晚一样黑暗”。黑暗便是由日食导致，尽管它发生在国王阵亡一个多月后，人们仍然认为二者有着某种关联。

此类联系不仅仅存在于西方历史中。日本最古老的故事书《日本纪》中记载，推古天皇是日本历史上最为重要的人物之一，在位 30 年间将佛教引入了日本。然而她却在 628 年一场日食发生五天后离世了。布干达（今乌干达）的国王朱科（Juuko）死亡那一天，根据民间的传说，“太阳从天空中消失了”，许多学者将其解读为 1680 年发生的一场日食。1836 年 5 月 1 日，新西兰北岛（North Island）的人们目睹了一场月食后，有人认为一位领导者将要逝去。实际上，逝去的不是一人而是两人：玛塔图阿（Mataatua）部落的奇哈洛（Kiharoa）和西卡雷亚（Hikareia）。

于是，当人们预测到 1715 年将有一场日全食横穿伦敦——上一次出现这种事还是在 600 年前——时，他们感到惊恐万分也不难理解了。日食发生的那一天，即 1715 年 5 月 3 日，被提前数个月宣布定为“黑色灾厄或末日之景”。人们在想：1649 年查尔斯一世被处决，还有 1666 年伦敦遭遇巨大火灾，难道不是都被数个月前的日食说中了吗？（是的，两次都是。）不必追溯太久，就说 30 年前，安妮王后和理查德三世国王的死亡，就和日食有千丝万缕的联系。那么数个月前刚刚成为统治者的、汉诺威（Hanover）家族的乔治一世（George I）国王又如何呢？我们是否也应担心他的安危？最重要的是，这个即将到来的日食是否应被视为上天对新任国王的一种评判？

日食出现又消失，而乔治一世毫发无伤（至于他当时在哪儿，有没有看到日食则没有留在记录中），安然地活着，并统治了国家 12 年。不过，他在法国的同僚可就没那么幸运了。

路易十四世（Louis XIV）在绝大部分的执政期间被称为 Le Roi Soleil，意为“太阳王”。该称号源于他年轻时曾在芭蕾舞剧《暗夜芭蕾舞》（*Le Ballet de la Nuit*）中扮演太阳神阿波罗一角，而这似乎也与日食后“太阳王”的陨落不谋而合。

路易十四世确看见了日食——在法国，人们看到的是日偏食，不过伦敦看到的则是日全食。几个星期后，他抱怨自己的一条腿疼。疼痛很快发展成为坏疽，在忍受了数周的痛苦煎熬后，1715 年 9 月 1 日，这个选择了太阳作为自身象征、名字暗示着绝对权力的男人，在他建于凡尔赛的巨大宫殿中死去了。[11]

*　*　*　*　*

统治者的死亡并不是日食带来的唯一厄运。许多人更担忧疾病的传播。

历史上详细可考的首次梅毒爆发发生在 1495 年的欧洲，起源于法国夏尔三世（Charles III）率领军队试图征服那不勒斯的港口城市时随军的佣兵和娼妓之间。因此，梅毒也被叫作“法国病”。不过需要指出的是，两年前，西班牙巴塞罗那的一名医生罗德里戈・鲁伊斯・迪亚斯（Rodrigo Ruiz Diaz）曾报道称治疗了一名水手，该水手的生殖器皮肤上长出了可怕的斑疹——这正是梅毒的临床症状。

许多受过良好教育的人都知道其中的原因。奥地利宫廷的约瑟夫·古伦佩克（Joseph Grünpeck）于1501年染上此病，并设想出一种早期的解决办法，同时在两次天文事件的巧合中窥见了回答。第一次是大融合（Great Conjunction），指天空中木星和土星交会。此事件发生在1484年11月25日，这一天两颗行星都位于天蝎座附近。古伦佩克与同时代的其他人认为，由于天蝎座代表外生殖器（黄道十二宫的每一个星座都对应着身体的一部分），疾病便首先侵染那个部位。大融合带来了剧毒，其中的毒性在数个月后的1485年3月16日法国上空出现了日全食时得到释放[*]。但为什么毒性花费了十年的漫长岁月才染指地球？古伦佩克等人解释称，因为木星距离地球很远，多花了点时间是可以理解的[**]。

12

另一个将日食与疾病联系在一起的事件发生在1585年。英国人托马斯·哈里奥特（Thomas Harriot）在跨越大西洋前往罗阿诺克岛（Roanoke Island）（位于弗吉尼亚殖民地沿岸）的路上，目睹了一场日偏食。抵达目的地后不久，他便注意到许多当地居民在接触到他或随行的英国人后，就死于一种神秘的疾病。他最终将这场悲剧解释为天意，不过在文章中写到这些死亡已被旅途中见到的“可怕的日食”所预言。

---

* 这与英格兰安妮·内维尔王后去世当天发生的日食是同一个。

** 如今我们基本可以肯定，欧洲的这场梅毒爆发源于1492年克里斯托弗·哥伦布第一次踏上新大陆时，随行的一名船员将病原体带到了北美洲，这正可以解释次年病毒在巴塞罗那的出现。不仅如此，1495年，包围了那不勒斯的法国军队中，一些佣兵很有可能曾与哥伦布一同出海。作为补充，分子基因学家对引起梅毒的不同菌种进行测序比对后，得出了在欧洲发现的菌种很有可能来源于加勒比的结论。

英国海军的詹姆斯·林德（James Lind）因首次证实了柑橘属水果可治疗坏血病而如今为世人所知。1762年在孟加拉湾，他目睹了数百名欧洲人，以及成千上万的当地人死去。据林德说，死亡人数最多的那一天是10月17日，恰好是日食发生之日。“日食的那一天，发烧的人太多了，”林德写道，“根本不必去怀疑它的效力。”

最后一个例子是在1918年6月8日，一次日全食横跨美国，全影带从东海岸一直连到西海岸。同一年秋天，一场流感席卷全球，短短一年内的死亡人数就超过了中世纪的黑死病在一个世纪里造成的死亡，成为历史上最致命的疾病之一。当时，全球18亿的人口中，约四分之一被感染，超过5000万人因流感或其导致的并发症身亡。很自然地，某类人群的幸存率要高于其他人群。在美国，住在西南地区的土著人死亡最多。

让我们用数据说话。1918年，仍住在美国的印第安纳瓦霍族人（Navajos）有30000人，其中有近4000人病死，死亡率约为12%。据其中一名幸存者回忆：“疾病在秋天袭来，几乎是在一夜之间传遍了整个栖息地，死者不计其数。白天可能还觉得没事，但到了晚上就会出现症状，第二天早上就死了。”可造成这一悲剧的原因是什么？他继续说：“哪怕是那些知道该如何寻找病因的人……也没能搞明白到底发生了什么。”

13

同世界上许多其他文化一样，在纳瓦霍文化里，人们相信祸不单行。征兆早已出现，只是很多人直到灾难降临才意识到它的存在。1918年的这场流行病对纳瓦霍族人造成的毁灭性打击也不例外。有些人在思考后得出结论：数个月前（1918年6

月 8 日）在美洲大陆西南部发生的日食就是这次灾害的征兆。

对于那些自诩为理性主义者的人来说，一些统治者的死亡与日月食有关这一事实无关痛痒：不论有没有日食或月食，每一天总会有人死去。反而说，如果没有任何一个国王在日食发生前后毙命，才是不可思议的。类似地，与一百年前相较，如今我们对疾病的产生和传播有了更准确深入的了解，所以流行病的肆虐也很有可能表现出与日月食存在某种关联。我们把这类关联看作是人类在曾经懵懂无知、崇尚迷信的时候留下来的遗迹。不过，如果我们重新细细打量自身便会发现，时至今日，我们的许多行为仍然是非理性的——我们仍然笃信着日月食是不祥之兆。为了说明这一点，我们来看看日月食对现代股市带来的负面影响。

* * * * *

加布里埃莱·莱波里（Gabriele Lepori）是一名行为金融学家，他通过心理学来解释股市及其中人们的行为。2009 年，他想测试对厄运的感知能力是否会影响股票交易员买进或卖出股票的决定。他选择日月食作为坏兆头，因为它们的发生既突然又可预测。令他惊讶的是，他发现这种影响的确存在。

我们先退后一步审视。莱波里在报告中指出，一些特定人群（如运动员或赌徒）倾向于参加迷信活动，这早已不是秘[14]密。他们可能会穿戴旧的帽袜，吃特定的食物，佩戴特别的护身符，并相信这样做能增加他们获胜的几率。许多股票交易员也是一样。不仅如此，许多人类学家——包括二十世纪最受尊崇最有影响力的布罗尼斯拉夫·马利诺夫斯基（Bronislaw Malinowski）——也指出，人类的存续确实离不开迷信。迷信可以填补不确定性造成的心理空缺，从而抵御焦虑与苦痛。工作在充满竞争、压力极大，而结果常常未知的环境下的人们，最有可能崇尚迷信——其中也包括股票交易员。

在研究中，莱波里分析了1928年至2008年的80年间发生的所有362次日月食。他检查了股票指数，经过大量的统计分析得出结论称：在日月食发生的那一天，股票价格通常会下跌。他还注意到，这些天的交易量通常不高，意味着交易员倾向于按兵不动。这两个事实表明，日月食发生时，交易员在操作时更加谨慎。另外，股票指数的下跌很小，通常不到1%，并且在三天内便会恢复。

我决定抽样检验莱波里的结论：我从中挑选出我曾目睹并印象深刻的日月食事件，重复他的工作。第一个事件是一次日食，发生在冬季，当时遮住太阳的一片云彩恰好移开，我借以看到日冕。那是在1979年2月26日，道琼斯工业平均指数下跌了20点；两天后，它上涨20点，恢复至原先水平。

1991年，我在夏威夷岛上看了一场日食。那天，道琼斯指数上涨15点，并在接下来的数天继续保持上涨。第三个日食是在德克萨斯州北部看到的，当天指数下跌30点，而两天后再次恢复至原值。

15

我记得的最近一次月食是在2007年8月28日，天上的一轮明月突然变成了古铜色。月食的前一天，道琼斯指数大跌

300点；月食当天又跌了200点。那天正是星期五。下一个交易日是在星期一，指数上涨了200点。

前面已说明，这些日月食事件具有高度选择性，却仍在某种程度上证实了莱波里的结论。于是，我决定找一类完全不同的天文事件，重新进行检验。

2010年8月中旬，火星、金星和土星相互靠近，同时西边的天空出现新月。英仙座流星雨也出现在同一时期。在流星雨最甚的8月12日，我在一个小时内看到了80多颗流星划过天幕。随后，我检查股市发现在流星雨的前一天，道琼斯指数下跌了300点，并在接下来的三天——即流星雨上演的期间——持续下跌。这个结果耐人寻味，然而它的背后还有更多故事。

正如莱波里指出的那样，并非所有的日食（我得加一句：以及并非所有的流星雨——因为许多文明同样视其为凶兆）与股票指数下跌有关；相反，产生影响的一般都是在发生之前被高调宣传的事件。迷信如常人的股票交易员会有意识或无意识地对公认的凶兆做出反应，从而使预言看起来自洽。

* * * * *

不论你是将日月食时股市下跌归咎于心理学（或是占星术）的效应，还是质疑二者之间存在的任何关系，有趣的是，对日月食的恐惧是如此根深蒂固，横亘古今，经久不衰。

最早有日食发生确切时刻的记录出现在一块泥板上，发现于1848年乌加里特古城（今叙利亚境内）的遗址内。泥板上写

16

着:“希雅(Hiyar)之月,朔月之日,天名蒙羞。(在白天)太阳消失,火星出现。”

我们知道这些用乌加里特文写成的记录范围是从公元前1450年到公元前1200年。如果认为这段文字所指的是发生在“希雅之月”的一次日食,就可以确定它发生在公元前1375年5月3日。然而更引人注意的是其结尾部分。

那是一句警告:“君王将遇家臣之袭。”即是说,从历史的最开始,日月食便被当作是一种厄运。

不过,有一种方法可以解消灾厄。就像教皇乌尔班八世认识到的一样,只要知道了它发生的确切时刻,就可以发动恰当的抵消魔法。

这需要人们能准确可靠地预测它的发生。

17

第二章
看不见的行星：罗睺与计都

身躯巨大的恶魔罗睺，不到日食把太阳抓住[①]。

——七世纪印度史诗《罗摩衍那》节选

位于孟加拉湾三角洲平原边缘的印度城市布巴内什瓦尔（Bhubaneswar）及附近地区的历史可一直追溯到两千余年之前。在那时，印度建造了数百座寺庙，有些的规模相当宏

① 译文引自《季羡林文集》第十九卷《罗摩衍那（三）》第二十二章第十一节，江西教育出版社。——译者注

大，占地数英亩[①]之多；然而大多数中规中矩，偶尔有一两个
19 建筑学上令人印象深刻的设计。其中有一座寺庙，它正面的围墙里里外外都被错综复杂的石雕覆盖，它的名字叫穆克泰实瓦勒（temple of Mukteshvara），意为“献给通过瑜伽练习带来思想解放的王”。

想要进入穆克泰实瓦勒庙，首先要穿过拱门。拱门由两根粗大的柱子支撑，每根柱子上都刻有神像，她们胸脯硕大、面带微笑，身上挂着诸多念珠串和其他装饰品。过了拱门，穿过一小块空地，便可以低下身子，进入两座建筑中的第一座——外室（outer sanctum）。

墙的内侧，雕刻的图案主要是花卉形状，中间等距离地用涡旋状的线条图案间隔开。圣人像从天花板的角落俯视着。穿过房间出去后，经过一条狭窄的露天通道，就会进入第二座建筑——内室（inner sanctum），也是寺庙中最神圣的部分。

内室的墙壁也刻满了花卉、涡旋和圣人形象，以及体态丰满的女子。然而这个房间与其他地方有着明显的不同：进来之后，如果回头看向门口，可以看到一个雕刻精细的石块，上面刻有九个人像，各自位于一个浅的壁龛里，排成一排。这九人唤作 Navagrahas，意为“九颗行星”。

从左边看起，前七个人的模样几乎相同：他们都盘腿坐在莲花之上，最左边的人代表太阳，其次是月亮，剩下的五人代表肉眼可见的五颗行星——看似星星，却相对于其他星星移动，

① 1 英亩约合 4050 平方米。——译者注

跨越天幕——依次为火星、水星、木星、金星和土星。剩下的两人是谁呢？一个只是硕大的人头，另一个是人体的上半身，双手合十，指尖冲上。他们同样是相对于星星在天上运动的重[20]要物体，分别名为罗睺（Rahu）和计都（Ketu）。他们是看不见的行星，是天空中的恶魔，导致日食和月食的出现。

为了弄清楚罗睺与计都的来源，我们需要了解一篇印度神话:《搅动大海》。

很久以前，世上只有神和恶魔存在。双方都渴望获得长生不老药，这服药装在一个壶里，躺在海洋的底部。不论是神还是恶魔都无法凭一己之力拿到它，于是他们约定一起搅动大海，把壶捞出来。

凭借双方的力量，他们将一座山从平地拔起，把它当作搅棍。他们找一条硕大的蛇，权当是绳子，绑住山，将其颠倒过来。搅了许久，海水终于翻腾，装有神奇的长生不老药的壶飘到了海面上。其中一个大神毗湿奴（Vishnu）化作美丽姑娘莫诃尼（Mohini）——印度语中“迷人”之意——拿到了壶。她令众神与恶魔分坐两列，以均分灵药。她首先给神们喝了药，但绝大多数恶魔被她的美貌吸引，而没有注意到。唯独大恶魔有天日（Swarbhanu）发现了神们的伎俩，于是他悄悄坐到神们的一列中。

有天日刚刚喝下几滴药水，一旁代表太阳和月亮的神便认出了他，立刻警告莫诃尼她正在喂的是一个恶魔。盛怒的莫诃尼挥剑斩下有天日的头，掉下的头颅变成了一个新的恶魔，名[21]为罗睺（Rahu），剩下的上半身则变成了计都（Ketu）。为了复仇，罗睺与计都追着太阳和月亮满天跑，偶然间会把他们吃下；然而由于各自都不是完整的身体，便无法彻底吃掉，于是日月食只会出现片刻，而非永久。

有关罗睺与计都的故事细节丰富，展现出故事的创造者对日月星辰在天空中的移动有着深入的理解。作者显然知道太阳和月亮相对于星辰是自西向东运动*。作者还把罗睺和计都描绘成狡诈的模样，因为他们在空中移动的方向与日月相反（自东向西），从而更容易捕获并吞下两颗发亮的天球——正是他们背叛了有天日，否定了恶魔的永生。

不过，为了了解它在天文学中的意义，我们需要明白日月食的基本几何学。

* * * * *

太阳每年在天空中运行的轨迹被称为“黄道”（ecliptic）。该词来源于拉丁语“日食的”一词，因为太阳和月亮只会在这条轨迹线上交会，从而形成日食。月亮的轨迹与黄道十分接近：实际上，月亮每绕地球转一圈，就会穿过黄道两次。

现在让我们再进一步。

想象你位于一个空心球的球心处，球壳上布满了日月和繁星。太阳和月亮的轨迹形成的两个大圆几乎是重合的，但不完

---

* 太阳月亮东升西落的现象是地球快速自转导致。若要确认月球是在绕着地球自西向东转，只要找一天晚上，观察月亮与附近几颗星星的位置，过一个小时再观察即可——月亮应是相对于那些星星向东移动了的。

全一致。这一点很重要：如果二者重合，那么每个月都会发生一次日食和一次月食，即每个月月亮 / 太阳都能从太阳 / 月亮正前方经过一次。然而实际上，两个轨道有着很小的交角，约为5°，这令它们只在两个点相交。只有当太阳和月亮均靠近两个点（称为交点）时，日 / 月食才会发生：二者靠近同一交点时发生日食，分别靠近相对交点时发生月食。 22

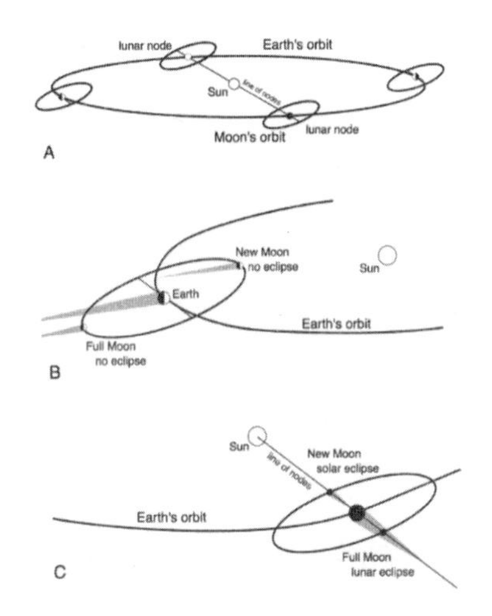

图 A：由于月球轨道相对地球公转轨道存在倾角，只有当地球也靠近其中一个月球交点[①]时，日月食才会发生。图 B：如果地球不靠近月球交点，则不会发生日食或月食，因为新月或满月的时候月球距离黄道平面太远。图 C：如果地球靠近月球交点，便会发生日食或月食，因为新月和满月的时候，太阳、地球和月亮列在一条直线上。

---

① 原文 lunar node，指天球上黄道与白道、即太阳运行轨迹和月亮运行轨迹的交点。在天球坐标系中，交点（node）一词指物体公转轨道与经过天球中心的任意平面的交点。——译者注

不仅如此，由于月球的运动除了受到地球引力的作用外，还受到太阳的吸引，它在空中的轨道会发生移动，两个交点的位置也会随之改变。如前文所述，太阳和月亮在天空中都是自西向东运行；交点则与之相反，从东边一点点移动到西边。

23

现在我们明白那两个看不见的行星——罗睺与计都——究竟躲在哪里了：他们是天空中的两个交点，代表日月轨迹交汇之处。他们时刻都在移动，围绕黄道转一圈耗时约 18 年。运动的方向与日月相逆，一如狡诈的罗睺和计都，他们知道这是追赶太阳和月亮的最快方法。

日月食因吞食日月的贪婪天怪引起的想法并不局限于印度，而是广泛存在于欧亚大陆。在阿拉伯文化中，天怪被唤作 Tinnin①；在波斯文化中，它的名字是 Jawzahr②。在中国，两个交点被视为一条龙的头和尾。日月食中巨龙吞噬太阳和月亮的形象深入人心，甚至被收录进专有词汇中：月亮从一个交点沿着轨迹转一圈回来所用的时间被叫作“恒星月”（draconic）③，大约是 27 天；而更为人熟知的“朔望月”（synodic）④ 则是指月亮绕地球转，经历完整的一轮圆缺变化的用时，约为 29 天，比前者稍长。

① 阿拉伯语“巨蛇”之意。——译者注
② 波斯神话故事中一条龙的名字。——译者注
③ 该词的词根 draco 在拉丁语中指龙或巨蛇。——译者注
④ 该词的名词词根 synod 源于希腊语 sunodos，意为“交会”。——译者注

*　*　*　*　*

想要预测日月食，追踪两个月球交点只是必需的能力之一，另一个便是知道太阳和月亮何时会靠近交点。追踪这两个天体有多困难呢？对于太阳，这很容易做到。

在远古时期，人们就已经意识到四季的流逝与太阳从地平面升起的位置有关。这很关键，因为根据太阳的运动，人们可以判断何时该迁居狩猎，或是捕鱼、种植。先人们尤其关注了地平线上的三个位置：最北端、最南端及二者中间的点。如今，我们分别称南北端点为至日点，即表示夏季和冬季开始的时刻；称中间点为春秋分点，表示春秋季节的到来。

24

确定春秋分点十分容易。我们只需在地面上竖一根杆，或是一块纤长的石头，然后观察它在太阳升起时的狭长投影。如果这时的影子正好指向太阳落下的位置，那么这一天就是春分或秋分，而影子所在的直线则刚好指向东西。我们无需有关太阳运动的额外知识，或是详细观察的能力，便可以画出一条漂亮的东西线，这或许可以解释为何许多建筑都是东西向排列的。其中最著名的便是埃及的金字塔，尽管这些宏伟的建筑本身为世人颂赞（且至今谜团重重），它们基底排列的方向却无需借助超人的力量——或是如某些人坚称的来自外星人的帮助——而只需对日出持续地观测。

画出至日的线要稍微复杂一些，但仍然可以通过方才的那根杆或竖立的石头，记录下日出时投影最偏向北方或南方的时候，以确定其方向。从古至今，许多建筑都是沿着这条线建造的。

或许最古老的建筑——一直追溯到7000年前的新石器时代，比最老的埃及金字塔还要早3000年——要数纳布塔普拉亚遗迹（Nabta Playa），它位于埃及南部、距开罗约500英里的努比亚沙漠。遗迹内摆着一圈石头，以及四组竖立的厚石板；其中一对厚石板似乎指向了夏至点。在欧洲人登陆澳大利亚之前，澳洲大陆上便存在一处遗迹，内部用石头摆成鸡蛋形状，暗示着春秋分点和至日点。怀俄明州和伊利诺伊州科林斯维尔附近卡霍基亚山岗上的比格霍恩药轮（Bighorn Medicine Wheel）内部的石块排列或许也在暗指至日点。汤加群岛上用珊瑚石建造的三巨石（指在两块直立巨石上搭一块巨石的结构）似乎指向了冬至点。在夏威夷群岛的莫洛卡伊岛上，一块象征着阴茎的石头与其他石头一同排列指向至日点方向。新墨西哥州查科峡谷（Chaco Canyon）最瞩目的地标——法哈拉山丘（Fajada Butte）上，每到夏至日正午时分，阳光便会穿过刻蚀在石头表面的螺旋图案。苏格兰布雷恩珀特湾（Brainport Bay，又译智慧港湾）有一座鹅卵石铺成的观测平台，上面立有两块沿至日线排列的石头，据信可追溯到青铜器时代。类似的例子还可以举出很多很多。

其中尤其值得一提的是爱尔兰的纽格兰奇。这里有一个史前堆砌的土岗，据说是在约公元前3000年建造，比埃及的金字塔还要古老。土岗由泥土和石头交替层叠，内部有一条长长的通道，通道尽头是一个小房间。目前人们认为，当这个房间建成后，许多具尸骨被搬到其中，然后一块巨石被安放在通道的入口。不过光线仍然可以通过一个狭长的井照进房间里。令人惊奇的是，这个井的开口方向使得阳光只能在冬至日前后直射入房间内。不仅如此，房间内有一块石板，上面刻有数个符号，其中一个或许表示日食。

这块神秘的石板如今被称为“堆石标 L”（Cairn L），上面的符号由一系列大小不同的同心圆组成。其中，直径最大的两个同心圆相互重叠，这让人联想到日食。

刻在纽格兰奇的这个符号究竟是否代表日食，目前尚无定论。没有人知道这些同心圆的确切含义。不过有一点是很清楚的：建造这个土岗的人知道太阳运动的周期性。那么月亮的呢？ 26

土岗的周围摆着一圈石头，而且附近还有其他同样具有竖立石头和内部深井的土岗。由于石头和石头、或是石头与深井之间的可能组合太多，不可避免地，其中会有一些指向月亮的方向。然而，哪个才是最重要的位置呢？

与太阳的至日点一样，每个月里，月亮都有从最北端或最南端升起的时候，只不过这些点的位置会随月份改变。这些微小的改变累加起来，若以年为单位计算，将十分可观，足以让那些观察月亮的人称之为“最大赤纬[①]时北方月出”和“最小赤纬时北方月出”，以及相应的南方月出。这一切都指向一个问题：月亮的运动远远复杂于太阳的。但这并没有阻挡人们试图从古建筑中寻找月相排列的脚步。

在尝试时，人们很自然地认为，如果古人能够跟踪日月的移动，他们或许可以预测日食和月食。在世界上最著名的古建

① “赤纬”指赤道坐标系上的纬度。——译者注

筑之一——英格兰南部斯通亨奇（Stonehenge）的巨石阵中，有人不容置辩地提出了上述观点。

然而，在斯通亨奇发表的这番日食预测的声明，却是大错特错了。

*　*　*　*　*

1961年，杰拉尔德·霍金斯（Gerald Hawkins），来自波士顿大学的一位年轻的天文学家，来到斯通亨奇拍摄著名的日出之景：在夏至日的清晨，下方宽阔的堤道一览无余。当站在那里时，他看着周围许多高耸的巨石（有些石块之间以过梁相连而成简单的拱形），突然想到，它们会不会暗示了天空中其他可预测的事件呢？回到家后，他找到了该遗址的出版地图，画线连接主要和次要的石块，又画出穿过拱门的线条。然后，借助当时尚为罕见的电子计算机，计算出在一年中几个特定的时刻（如春秋分或至日），站在斯通亨奇，会看到太阳和月亮从地平线的哪个位置升起落下。他把那些位置与地图上画的线条对比，确定出二十余个显著排列。

27

1963年10月，他将结果发表在世界最负盛名的科学杂志之一——《自然》（*Nature*）上。一年后，一家电视台制作了一档有关霍金斯及他关于巨石阵的研究工作的纪录片。霍金斯强调，如果有人在夏至日（6月21日）身处那个宏伟的遗迹，他将看到太阳从一个名为“踵石”（the Heel Stone）的竖立石块的正上方升起。纪录片的最后一幕证实了他的话。该纪录片赢得了皮博迪奖[1]，被誉为“本年度最富创造性的文化纪录片”。天文学家纷纷对霍金斯的工作表示赞扬，公众对巨石阵的关注迅速上升。霍金斯自然迈出了下一步。

他与英国最著名的天文学家弗雷德·霍伊尔（Fred Hoyle）展开合作，两人提出了巨石阵是如何可能被用来预测日月食的假说。熟悉巨石阵的考古学家们听了他们的研究结果，又看了看霍金斯的其他工作，然后摇了摇头说“不”：他们不愿轻易相信听到的内容。

美国小说家亨利·詹姆斯（Henry James）于1875年访问了这片遗迹，描述它“在历史上是如此孤独，一如它孤独地伫立于大平原之上”[2]。这是谜团的一部分：为什么这些庞大的石头被不远万里运到这儿来，堆在索尔兹伯里城外荒凉的平原上？

最显眼的自然是那些巨大的石块。绝大多数都排成圆形或马蹄铁形，几块小一些的石头竖立在巨石环的外围，其中值得注意的是四块定位石（Station Stone），位于一个狭长矩形的四个顶点。周围还有一圈填满了白垩的洞，被称为奥伯里洞（Aubrey holes），以纪念在十七世纪中叶探索这片遗迹时发现了它们的约翰·奥伯里（John Aubrey）。这些洞总共有56个，近乎等间隔地分布在地面上，是霍金斯和霍伊尔用于预测日月食所使用的遗迹的一部分。还有显眼的踵石，位于奥伯里洞环的

28

① 皮博迪奖（Peabody Awards），又译“美国广播电视文化成就奖”，用以表彰杰出的广播和电视节目，被视为广播电视媒体界的最高荣誉。——译者注

② 出自亨利·詹姆斯1875年的著作《旅行的艺术》（*The Art of Travel*）。——译者注

外围，偏离宽阔的堤道中心线，这个堤道笔直通往遗迹的中心处，并朝东北方向外延伸。

考古学家们对霍金斯和霍伊尔提出的观点最主要的反驳在于：巨石阵并非单一结构，而是在2000年的时间里断断续续被建造、修改、遗弃、重建、添加的一系列结构。以前它的样子绝不同于现在。今天看到的两块摆在一起或成一排的石头，在数百年前很有可能相距甚远。

最先提出巨石阵可能与天空中一些现象存在关联的是收藏家、古董交易商威廉·斯蒂克利（William Stukeley）。他于1740年出版了一本书《巨石阵：英国德鲁伊特人重造的寺庙》（*Stonehenge: A Temple Restor'd to the British Druids*）。从标题易知，斯蒂克利认为巨石阵是德鲁伊特人（古代凯尔特人的祭司，生活在约公元前二世纪）建造的。然而巨石阵的历史远比他们悠久。其中最为古老的部分，例如奥伯里洞，可以追溯到约公元前3100年，比埃及吉萨金字塔的建造还要早上数百年。

在斯蒂克利发表了他的著作30年后，约翰·史密斯（John Smith），一位自称“天花预防员”的医生来到了位于斯通亨奇以南约六英里的一个牧区开始行医。一开始，他还能得到当地居民的支持；但很快就被迫放弃，用他的话说，遭到了“一切可能的暴行”。为了从麻烦中脱身，他将注意力转向巨石阵，在进行了简单的——用他的话说，“不借助任何仪器或任何形式的帮助”——调查后，他发现理解这堆巨石的“关键”在于踵石的位置：它沿着堤道摆放的位置，使得“石头的顶点”正指向夏至点。自从史密斯公布这一发现后，几乎所有写到巨石阵的

29

人都会重复他的话；除了考古学家们，他们在二十世纪早期开始了对巨石阵的详细调查和挖掘。

经过数十年的工作后，学者们得出结论：巨石阵中最早存在的建筑是奥伯里洞，洞的周围是一圈不高的防水堤，再外面是一道很浅的水沟。后来，出现了四个定位石和踵石，盖住了若干个奥伯里洞。再后来，有了第一巨石环，尔后是堤道和内部的第二巨石环。

关键在于，自从踵石被立在这里以后，所有的奥伯里洞就再也没有露出来过。所以说，奥伯里洞和踵石不可能同时被用于跟踪天体的运动，或是预测日月食。

而且，踵石还有一个伴：另一块巨石，位于踵石的北方，与后者的连线指向堤道。只不过，它曾经倒下，直到 1979 年的一次挖掘中，在某个洞口里发现了一些碎片，才确认了它的存在。这就意味着踵石自身的存在和位置可能并非重要的标志——如果它确是某种标志的话。

另一个问题是，我们能够以多高的精度确定至日点太阳从水平线升起的位置。如果站在赤道附近，这不是难事，因为太阳几乎是以垂直于地平线的角度爬升的，这也能解释为何热带地区的晨昏时光十分短暂。而在高纬度地区，如不列颠岛，太阳爬升的角度就要小得多，圆球仿佛是擦着地平线逐渐斜冒出头来一样。正是这个事实，导致了我们很难精确判断太阳升起的方位，因为大气会扭曲并偏移它的位置。

我们很熟悉吸管插在一杯水中的模样：吸管仿佛在水面处被拦腰截断一般，水面下的位置较水面上偏离了一些。当我们透过大气观看远方时会遇到同样的现象：假如没有大气，天空中所有物体的位置都会向上偏移。这个现象叫作大气折射，它在水平线附近最为显著。实际上，在水平线附近，光线的偏折角度接近 0.5°，几乎等于太阳的直径[1]——这意味着，当你看到太阳的下沿与地平线相切时，它**实际上**仍然在水平线以下。

30

问题在于，水平线附近的大气折射程度变化很大。因为存在折射，远方的物体才会看起来闪烁模糊，形状和颜色不同寻常。折射还能导致形成海市蜃楼等幻象。大气折射的程度取决于大气层的温度结构，以及是否富含水蒸气。由于以上原因，即使是在今天，我们仍无法将日出的预测时间精确到数分钟以内，也无法将其经度位置的预测精确到 1° 以内——而这仍然比霍金斯用巨石阵中石头的排列进行的预测要精确得多。

简而言之，以上这一切说明，使用巨石阵或其他地标的位置排列无法精确地追踪日月的运动，自然也难以预测日月食的出现。但这不意味着那些古代建筑与天象毫无关联。其中一些元素，例如堤道从巨石阵出发指向夏至点，的确具有一些象征性的（而非预测性的）目的。

我们远古的祖先仰望天空，他们看得那么仔细，留下了日月食的记录，显然是出于各种不同的原因。如前文所说，纽格兰奇一处狭长通道的尽头的石板上刻有可能是一次日食的记录。描绘天空最早的图画之一被刻在一块铜盘上，名为内布拉星象盘（Nebra Sky Disk），发现于德国。盘上镶有一个金色的大

---

① 指太阳直径对应的视张角。——译者注

圆盘和月牙，周围有许多小的圆盘。这很有可能也是一次日食的记录，象征着天空中出现行星和亮星。还有许多可能暗示着日月食的记录留在口头传述的故事里，其中包括今天为众人所熟知的内容。在《创世记》亚伯兰在迦南（Canaan）的故事中写道："日头正落的时候……有惊人的大黑暗落在他身上。"在《奥德赛》中，当裴奈罗珮（Penelope）的求婚者坐下来准备吃午饭时，先知塞俄克鲁墨诺斯（Theoclymenus）[1]站起身对众人宣讲，提醒他们墙壁变得昏暗，求婚者们从头到膝盖仿佛被黑夜覆盖，好似"太阳已从天空消失"[2]。以上这些显然是在指日月食，然而目前尚未看到有人给出日月食的准确预言。

31

那么，霍金斯和霍伊尔认为巨石阵可能是用于预测日月食的远古"计算器"的依据又是什么呢？

他们的说法基于56个奥伯里洞。他们设想，四个巨大的定位石或许可以沿着环形移动，分别代表太阳、月亮和两个看不见的行星罗睺和计都——即月球交点。根据两人提出的假设，代表太阳的石头会每星期交替移动六个或七个定位点，而代表月亮的石头则每天移动两个奥伯里洞的位置。代表月球交点的两个定位石每年移动三个洞口的位置。

这样做能预测日月食吗？有可能。它能预测日月食发生的**可能性**，即太阳和月亮何时会接近交点，但无法确定能否从巨石阵看到一场日食或月食。最终，霍金斯和霍伊尔承认，定位

---

① 原文为忒勒马科斯（Telemachus），为作者笔误。详见《奥德赛》第二十卷情节。——译者注

② 人名及译文引自《奥德赛》，陈中梅译，北京燕山出版社。——译者注

石会随着日月及交点的运动而逐渐错位，需要重新摆放。

这看上去过于复杂和随意。而且，巨石阵并非仅此一处：其他地方也有模仿斯通亨奇巨石阵早期样貌的石阵，只是不足以形成显著的环形罢了。那些石阵周围也有填充了白垩的洞，但数量各异，有的只有五个，有的多达二三十个；唯独斯通亨奇巨石阵有五十六个洞。那么，其他的环形必定有着其他的用途；抑或者，更有可能的是，奥伯里洞与预测日食毫不相干。

当霍金斯与霍伊尔发表他们的猜测时，正值一门新的学科——考古天文学刚刚萌芽。该学科旨在结合考古学、人类学和天文学中运用的技术，来试图理解传统文化和古建筑结构的含义。霍金斯对巨石阵自信满满的猜测虽被证明是错误的，但仍有十分重要的意义：他成功地让许多专家关注并投身该门学科领域内。

32

然而，关于石器时代和青铜时代的人们如何尝试理解并跟踪日月食的故事并没有就此结束。有些古人或许找到了一个简陋的方法预测日月食发生的可能性，这个方法比霍金斯和霍伊尔提出的要简单许多，也不必借助任何巨石建筑。

他们只需数天空中出现了多少次满月。

* * * * *

在墨西哥东北部的岩石沙漠里，靠近新莱昂（Nuevo León）州穆拉水库（Presa de la Mula）边上一个小镇的地方，远古的猎手曾涉足此地。我们之所以能够知晓，是因为在那里找到了许多矛的尖头和其他人工制品，而且附近许多石头上都有雕刻的痕迹，绘制了不同的打猎场面。

有的石头上绘出了人类是如何握持长矛的，还有的上面画有代表鹿角和鹿蹄印的图案。不过，其中一块石头上的内容与其他迥然不同。

岩顶下方画着一个硕大的格栅，每个格子里面都有短的垂直条纹。格栅宽约 10 英尺，高约 3 英尺，从正前方看，很难不去数那些条纹的个数——共有 207 个。这个数字对远古的猎手或许十分重要，因为它是猎人们经常追捕的雌性白尾鹿的妊娠天数，同时也恰好是天空中出现七次满月所经历的天数。

33

若继续盯着格栅看——美国人类学家、蒙特雷大学（University of Monterrey）教授威廉·布林·默里（William Breen Murray）在过去的 40 年间不知看了多少回——就能看出另外一种计数的方式。这种方式得到的数字是 177。默里在穆拉水库的其他地方，以及墨西哥东北部的其他岩画遗址中也发现了同样的数字，后者通常是以密集的点阵刻在石面上。默里自然清楚 177 的含义：这是看到六次满月需要经历的天数。

没有人知道穆拉水库的石雕画是何时刻成的，但很有可能比住在南方的玛雅人还要早数千年。首先，图案的形式非常原始，不见任何精细的人类形状；而且也没有任何在玛雅人的文字或建筑中出现的符号。不少新的图画覆盖在旧的之上，说明持续时间之长。另外穆拉水库并非孤立之地。现已知有超过 600 个岩画场所，分布在墨西哥东北部的一条长廊上。我们还知道这个区域早在至少 8000 年前就有人类活动了，也就是说穆拉水库及其他地方的那些计数标记和点阵都是数千年前的人们留下来的。可是，那些人们——极有可能是游牧民族，只有石刀等最简陋的工具——真的能仰望天空预测日月食吗？答案是肯定的。

想象一下你在 2014 年 4 月 14 日身处美国西部的某个地方，抬头看着夜空。你会看到一轮满月变成暗铜色，这是月全食的表现。你决定开始记录天数，直到下一次月全食发生。你在美国西部漫游，177 天后，2014 年 10 月 8 日，你又看到了月全食。你继续漫游，等待下一次——一直等到了 178 天后，2015 年 4 月 4 日，月落时分，血色重现。再下一次是在 176 天后的 9 月 27 日，只不过这次换成了在月出之时。

34

你会很自然地设想，在数过六次满月，即大约 177 天后，天空中就有可能出现月食。你决定检验一下自己的设想。

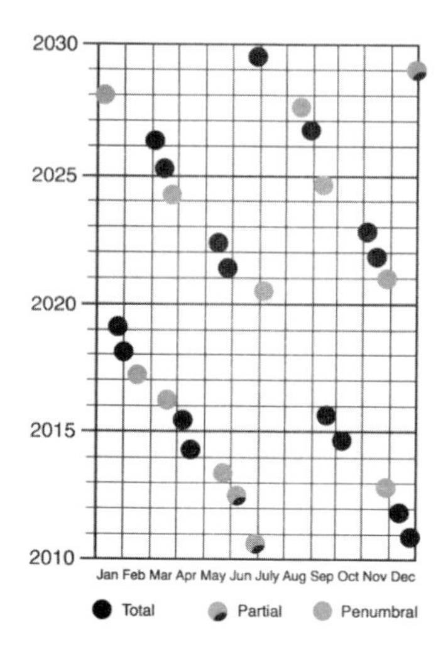

此为 2010 年到 2030 年间在美国西部的旧金山看到月食的时间表。月食并非随机出现，而是有着明确的时间间隔，约为 177 天。

下一次在美国西部看到月全食的时间是 2018 年 1 月 31 日。从那天起，你数过六个满月，到了 7 月 27 日，但**没有**看到月食。不过，你坚持这个方法，又数了六次满月，到了次年 1 月 20 日，终于**看到**了月全食 *。

在这 12 个月亮周期里，你将学到许多。仅仅是仰望夜空，记录新月出现的次数，你就能发现：如果看到了一次月全食，那么再过约 177 天，就**很有可能**又看到一次。

35

曾住在穆拉水库边上的先祖是否也是这样做的呢？我们无从知晓。实际上，我们不知道穆拉水库的石头上面那个巨大的格栅因何而画，也不知道那些点阵到底有怎样的含义。我们应时刻提醒自己：他们对诸如日月食、地震、火山和北极光等自然事件的疑问和认识与我们不一样。关键在于，擅长预测日月食的社会并不需要巨石阵等庞大而复杂的建筑结构。只要付出比建立纬线和确定至日点方向多一点点的努力，我们就可以发现 177 天的周期规律，从而预测绝大部分的月食。

我们也知道了这个规律是预测日月食的下一个重大进展的基础。不过在进展出现之前，我们需要持续进行数十年的观测并汇总记录，同时发展相应的数学工具以进行大数的加减和分数的计算。

这些方法在公元前数世纪由住在中东的数学家们首次提出。他们也是首批给出日月食准确预测的人。

36

---

* 在六个月前的 2018 年 7 月 27 日将发生月全食，只不过只能在亚洲、非洲和南美洲看到，北美洲不幸无缘。

第三章
沙罗与被替代的王

在八月（Iyyhar）的第二十九天，太阳会被侵蚀……阿卡德（Akkad）会发生反叛：儿子会杀害父亲，兄弟间会互相残杀，国王会死去，贝尔（Bel）庙中会发生斗乱。

——公元前约五世纪时，巴比伦人的日食预言

世界文学中一些最令人难忘的角色首先出现在名为《一千零一夜》的阿拉伯神话故事集里，例如阿里巴巴与四十大盗、阿拉丁神灯，以及航海家辛迪巴德。其中，有一个不那么出名的角色，他好吃懒做，住在巴比伦的一条后街小巷里，

名字唤作艾卜·哈桑（Abu al-Hasan）。

在故事《睡着与醒着》中写道，一天早上，哈桑醒来，惊讶地发现自己正躺在皇室的一张豪华大床上，周围站着一圈仆从。仆从们尽心尽力满足他每一个愿望，喂他吃最美味的食物，给他穿最精致的衣袍。然而哈桑不知道，此时此刻，真正的国王正藏起来盯着他的一举一动，并暗笑他面临致命危险却浑然不觉[①]。

为避免剧透，后面的故事先按下不表。不过需要指出的是，该故事在学者间引起了轩然大波：许多人怀疑艾卜·哈桑的这个故事——一介平民替代国王——的真实性。为了保护国王免遭噩兆（或许是日食？）预示的不幸，而让一个普通的百姓替代国王，这是否为某个古代文明中的惯例？实际上，在漫长的历史中，的确有一个这样的例子，它与一位伟大的人物有关：亚历山大大帝。

根据把数名希腊作家笔下的故事拼凑在一起的结果来看（他们似乎都只是知道故事的一部分），那是在公元前323年的春天，亚历山大大帝刚刚结束在印度的一场漫长的战役，回到了巴比伦。当他回到城市时，数名牧师试图阻止他进入市内，这可能是因为那时即将发生数场日月食——在短短的四个星期内，会发生两次日偏食和一次月偏食。牧师们如何预测了日月食发生的精确时间，我们稍后再谈；眼下的问题是，亚历山大

① 以上人物及故事标题的译名引自《一千零一夜》，李唯中译，宁夏人民出版社。——译者注

没有理会警告，最终还是进入了巴比伦城。

当他抵达宫殿，准备在王座上坐下歇息时，却发现那儿已经坐着一个人。有记录称那人是一名囚犯，最近才被放出来。不论如何，他正穿着亚历山大的皇袍，还戴着王冠；周围围着一群宦官，保护他不被任何人从王座上移下。过了一段时间（那个记录上没写有多长），牧师们建议亚历山大处决那名囚犯，亚历山大也如此吩咐了。

如果说这是试图避免亚历山大英年早逝（当时他 33 岁）的某种仪式，那么它并没有起到应有的效果。在三场日月食过去、囚犯被处决后不久，亚历山大就发起高烧，十天后离世了。

这便是替身国王的仪式引发了问题的原因：因为在 1957 年，人们发现了确凿的证据，证明此类仪式不仅举行了，而且还举行得相当频繁。

该发现源于威尔弗雷德·乔治·兰伯特（Wilfred George Lambert），他是近东（Near East）考古学的专家，曾花费十数年的时间，从数千个刻有楔形文字的陶瓷碎片中搜寻只言片语的线索。这些碎片在数十年前发掘于尼尼微（Nineveh）古城中，目前被保存在伦敦大英博物馆。仅仅是抄写、解码、翻译并归档其中的一小部分，便耗费了数年的时间。他找到了三块碎片，把它们拼起来后，发现上面记录的内容给出了一次举办了替代国王的仪式的确切证据——而这样的仪式需要对日月食发生的准确预测。

三块碎片上面记录了一封信，是一个占星家写给阿萨尔哈东（Esarhaddon，又译以撒哈顿）——当时亚述（Assyria）

和巴比伦的国王。信中预告了一次将发生于公元前 671 年 11 月 22 日的月全食，并把将替代国王的那个人称为“达姆奇”（Damqî）。信中甚至给出了预言者的名字：穆里苏·艾卜·乌丝莉（Mullissu-abu-usri），也是她取来国王的衣服给达姆奇扮装。

这名国王的替身得到了极高的礼遇。他经过了洗礼与净化仪式，背诵祷告文；在日食过后则被杀死了。断续的记录中描写了随后的仪式，以及葬礼室是如何准备的。

与此同时，真正的国王则要表现得尽可能低调：他避免出现在众人视野中，即便被看到，也是装扮成了农民或农场主。在替身死后，国王才恢复本来面目。

39

其他陶瓷碎片显示这并不是找替身当国王的唯一事例。在阿萨尔哈东掌权的 12 年里，他用了 8 次替身，而每次替身都可以追溯到一场日食或月食。

可是，这么一小群人——抄写员、占星术士、算命家、安排仪式的人、治疗师和葬礼牧师等辅佐国王的人——真的能如此准确地预测日月食吗？

这就要从 177 天的规律——以及之后发现的更长的日月食周期——说起了。

* * * * *

在看过了一系列以 177 天（即六次满月）为间隔出现的月食后，人们在偶然间发现这个规律会被打断：有时，仅在上一次月食的148天、即五次满月后，就会出现新一次月食。于是之前的规律要稍微改一改：每隔148天或177天，就会看到一次月食。这使得预测月食的准确率提升到约75%。这个几率已经相当不错了，但我们还是希望能更进一步——不仅预测**所有**日月食，还能准确说出它会发生在白天或是黑夜中的哪一时刻、在天空中的何处。

这立刻带来了一个问题，它和试图编纂与太阳和月亮的运动同步的日历时遇到的问题相同：通约性。

如果两数之商可表示为整数比，那么我们称这两个数是可通约的（commensurable）。比如说，若地球绕太阳一周需要**恰好**360天，而月亮绕地球一周需要**恰好**30天，那么我们可以很方便地得到一部日历。在这个日历中，一年有12个月，每个月恰好有30天；我们可以将一年的开始确定为有满月升起的那一天，这可以确保每个月的第一天都会有满月升起。如此下去，年复一年，我们可以非常简便地追踪太阳和月亮在天空中的位置。然而很遗憾，地球绕太阳公转的时间和月亮绕地球公转的时间之比并没有那么简单。 40

地球公转一周所用时间，又称回归年（tropical year），是365天5小时49分钟，以天为单位表示则是365.2422天。而相邻两次满月的间隔，又称朔望月（synodic month），是29天12小时44分钟，又可表示为29.5306天。若将两数相除，我们发现，经过一年后，月亮绕地球转了十二圈多一点（精确数字是12.235圈）。不仅如此，回归年和朔望月的长度并非固定，而是因金星引力对地球和月球的影响等诸多原因一点一点地逐渐变化。由于回归年和朔望月不可通约，我们便无从建立一个年历，使二者的起始时间保持同步*。当人们试图预测日月食时，也遇到了相同的问题。

如果相邻两次满月的间隔是**恰好** 30 天，而月亮从一个月球交点离开到再次回来所用的时间是**恰好** 28 天，那么预测月食将会十分简单，因为在 420 天的时间里，月亮会遍历与月球交点所有可能的相对位置**。这意味着在一次 420 天周期里发生的月食会在下一次 420 天周期里完美重现，并如此反复。我们只需连续观察天空 420 天，便可以知晓未来所有月食发生的准确时刻。

41

但月亮的运动可没那么规律。朔望月的长度，29.5306 天，与恒星月（月亮从一个月球交点离开到再次回到该点所用的时间）的长度，27.2122 天，是不可通约的。然而，在经过若干年后，许多个朔望月会与许多个恒星月**几乎**同步——具体来说，223 个朔望月等于 6585.3238 天，242 个恒星月等于 6585.3523 天。即在经过 18 年后，二者只差 0.0285 天，约为 41 分钟。

它还有一个额外的作用。月亮绕地球转的轨道并不是圆，而是椭圆。当月亮沿着这个椭圆轨道运动时，会发生两件重要的事：地月之间的距离会变化；月球在天空中移动的速度也

---

* 然而，若这份年历的长度不是一年而是数年，我们还是有可能保持同步的。注意到 19 个回归年的长度（19×365.2422=6939.602 天）与 235 个朔望月的长度（235×29.5306=6939.691 天）近似相等，那么每过 19 年，回归年的起始便会与朔望月的起始相差仅 0.089 天（约等于 2 小时）。这个 19 年的周期被称为默冬周期（Metonic cycle）。巴比伦人知道该周期的存在，它也是一些现代历法（如犹太历）的基础。

** 这是因为 14×30 天 =15×28 天 = 420 天，月亮和月球交点的相对位置关系每经过**恰好** 420 天就会重复一遍。

会变化。它从轨道上距离地球最远的点，我们称之为“远地点”，绕地球转一圈后再次回到该点，所用的时间被称为“近点月”（anomalistic month），等于 27.2122 天。239 个近点月等于 6585.4538 天，比 223 个朔望月仅多出约 3 个小时。

这意味着什么？如果你发现了一个日月食序列，那么这个序列会在 6585 天，即 18 年零 10 天或 11 天后再次出现。（至于是 10 天还是 11 天取决于经过了多少个闰年。）举例来说，在 1998 年发生了四场日月食，分别是 2 月 26 日的日食、3 月 13 日的月食、8 月 22 日的日食和 9 月 6 日的月食。18 年后，同样的序列再次出现，只不过滞后了 10 或 11 天：分别是 3 月 9 日的日食、3 月 23 日的月食、9 月 1 日的日食和 9 月 16 日的月食。

这还意味着日月食发生时，太阳、地球和月亮之间几何位置关系的变化也满足该周期。通过比较日全食带，我们可以清楚地看到这一点。

2017 年 8 月 21 日发生的日食的投影带落在北纬，覆盖了美国从西北到东南的条带状区域。18 年零 10 天之前的 8 月 11 日，日食带覆盖了欧洲从西北到东南的条带状区域。而在 2035 年 9 月 2 日，这一区域将出现在亚洲和西太平洋地区，同样是从西北到东南。

42

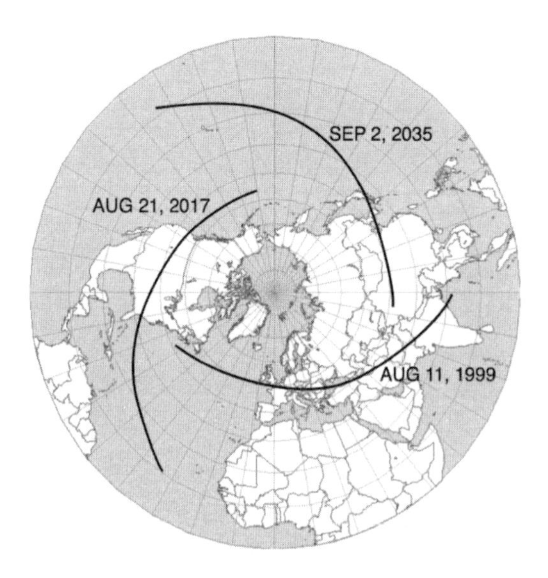

三次日食的本影带之间相隔一个沙罗周期。每个投影带的经度都相对另一个偏离了约 120° 。

18 年零 10 或 11 天的这个周期在预测日月食的历史上占有举足轻重的地位，于是它有了一个名字：沙罗周期（Saros cycle）。这个名字由埃德蒙·哈雷（Edmond Halley）起于 1691 年——他因发现了与他同名的彗星而为世人所知，也是他在搜寻古代巴比伦文献中的日月食记录时，重新发现了被遗忘了数千年的周期规律。

43

* * * * *

巴比伦人是何时发现了沙罗周期的呢？我们无从知晓，因为至今没有发现任何可以回答该问题的文献记录。不过有证据表明，在公元前八世纪中叶，人们已经能利用这个周期规律相当准确地预测日月食了。

巴比伦人在这段时期内进行天文观测和做出预言的结果都用楔形文字记录在了一系列泥板上。这些泥板被称为“天文日记”（The Astronomical Diaries），共有约 1200 块，绝大多数均保存在伦敦大英博物馆里。最早的预测是一次月食，发生在公元前 747 年 2 月 6 日，另有一块泥板记下了发生在这一天清晨时分的月食，以证实预言的准确性。

有些占卜的人将自己的名字与预言一同记录了下来。有一个名字，以喇希－伊路（Irassi-ilu），在记录中频繁出现。某次，此人预测：“在第十四（天），会发生月食，将为伊拉姆和阿木鲁*带来灾厄。天空中将看不到金星。”然后，似是为了强调一般，以喇希－伊路写道：“对国王，我的主，我说，‘真的会发生一场月食。’”后来，以喇希－伊路提醒国王，月食已经发生，没有发生任何糟糕的后果，因为“国王安居的城市中伟大的神灵（用云朵）遮蔽了天空”。他以一句评论作结：“王啊，请欣喜吧。”

巴比伦人试图用通过给日月食计时的方法来提高预测的准确度。他们使用水钟——将水从一条管道引到另一条并控制水的流量的设备——来记录时间的流逝。这种设备只能连续运转数个小时，因此若月食会发生在前半夜，巴比伦人就在日落时

* 伊拉姆（Elam）和阿木鲁（Amurru）是巴比伦城附近的两个地区。伊拉姆在东，阿木鲁在西。

启动水钟，并在月食开始时读取刻度；若月食会发生在后半夜，则测量月食开始到日出这段时间的长度。

从楔形文字的记录中，我们了解到，通过简单的算术运算即可预测日月食。计算过程被列为数栏，用于预测金星何时升起的计算用了 4 到 5 栏，而有关月球位置的计算则使用多达 18 栏。这也是表明巴比伦天文学中对月球运动的了解最为发达的证据之一。

44

巴比伦人对日食和月食均做出了预测，不过对后者的预测要准确得多。他们预测一场月食发生的时刻可以精确到两个小时以内，而对日食发生时刻的计算则会有多达数小时的误差。这个差异很容易理解：在月食中，整个月亮都会被地球挡住；而在日食中，月亮的影子只能覆盖地球的一部分。这意味着，若想精确预测日食，必须把观测者在地球表面的位置也计算在内。目前没有任何证据表明巴比伦人考虑到了这一点。

另，他们对月食的观测也远多于日食，因为前者更容易看到。只有当月亮遮住了 90% 或更多的日面时，人们才能用裸眼看到日食的发生，这也导致了它得到记录的数量比实际发生的要少。

不过，除了巴比伦人之外，还有另一个古代文明也对日月食很感兴趣。并且，借助天空中偶然发生的一些事件，他们成为了在历史上以极高的准确度预测日食发生的第一批人。

* * * * *

历史上，1562 年的 7 月 12 日是黑暗的一天。在那一天，西班牙修士迭戈·德兰达（Diego de Landa）将数千份由当地的玛雅人保管的文档带到马尼尤卡坦镇（Yucatán town of Maní）上的中央广场上并焚毁了。他是在遵循一个建立已久的准则。在1529年，时称新西班牙地区的首位主教胡安·德苏玛拉嘎（Juan de Zumárraga）命人将阿兹特克图书馆洗劫一空。据目击者记载，他将馆内的藏品在小镇的中央广场上堆成“一座小山”，然后令和尚们举着火把在周围游行，一边唱着歌一边点燃那堆藏品。1499年，西班牙托莱多（Toledo）的大主教希门尼斯·德西斯内罗斯（Jiménez de Cisneros）曾说服穆斯林们将阿拉伯语的书籍都拿出来，随后他便下令将那些书丢进篝火里。

45

现在的我们只能为此表示深切的遗憾。更重要的是，我们不知道被毁坏的东西究竟有哪些。如德兰达所记述：“我们找到了许多书，上面写满了又小又古怪的符号。由于其中不包含任何与恶魔的迷信或谎言无关的内容，我们就把它们都烧掉了。”不过他倒是清点了一下那些书或手抄本的数量：共有27册。他还提到玛雅人对藏品被焚毁“感到溢于言表的愤恨”，以及此事“给他们带去了无尽的悲痛”。

只有三本玛雅手抄本以及第四本的一部分幸存至今。据推测，这些手抄本被来自西班牙的侵略者抢夺后，在烧毁前运送至西班牙。三个手抄本如今散落在欧洲，一本在马德里，一本在巴黎，最后一本在德国德累斯顿。到目前为止，德累斯顿的手抄本是内容最多、保存最为完好的一本。

德累斯顿手抄本的存在最先出现于记录中是在1739年，德国萨克森郡皇家图书馆的馆长约翰·格策（Johann Goetze）在维也纳的一家私人图书馆中将其购入。在这之前，它的经历不为人知。

手抄本共有74页，写在39张纸的正反面。纸高8英寸，横向粘在一起折叠形成类似手风琴风箱的模样，长度近12英尺。纸张由薄树皮制成，上面覆盖有一层白石灰。纸上的符号用植物染料印刷。除了留白的4页以外，其余页面都写满了神秘的符号和小图画。绝大多数页面都写满了如今被称为石雕符号（glyph，一种象形文字）的小图案，它们排成整齐的行和列，每个符号都用红、黑、蓝三种颜色仔细描摹。每页上总会有一或两列仅包含由点和横线组成的符号；偶尔还会出现一幅大图，画着一个半人半兽、戴着头饰的生物。仔细检查这些符号后，人们发现，它们至少由四名抄写员写成；还有一些线索暗示德累斯顿手抄本是更早一份文件的副本。在手抄本何时完成这个问题上众说纷纭，分歧也相当之大，回答落在公元1200年到1519年（即西班牙入侵那一年）的时间跨度之内。

46

直到1853年，人们才认为德累斯顿手抄本是玛雅人书写的手稿。1880年，德累斯顿图书馆主任恩斯特·弗斯特曼（Ernst Förstemann）意识到，手抄本里数次提及有关日历和金星的内容。其他人则发现有相当一部分涉及了日月食。

德累斯顿手抄本中记录了日月食的想法源于对页面上那些点和横线组成的符号序列的解读。它们是玛雅人用以表示数的符号，而且幸运的是，它们已被破译。

例如，在手抄本的第52和第53页写有这样一串数：6408，6585，6762，6939，7116，7264。（精明的读者立刻就会认出，

6585 恰是一个沙罗周期内包含的天数，很容易联想到这些数可能与日月食有关联。）若求此数列中相邻两数之差，我们可以得到以下数列：177，177，177，177，148。它也出现在手抄本第 52 和第 53 页的最下方。数列中的两个数，177 和 148，应立即被视为出现六次或五次满月所需的天数，也是两次相邻的月食之间间隔的天数。

在可能是日月食记录部分的末尾，人们发现了这样一个数字：11959。乍一看莫名其妙，后来才发现它再加上一便是 405 个朔望月的天数。这让人进一步猜测，德累斯顿手抄本与月亮的运动有某种关联。那么，真相究竟如何呢？

研究人员分析了这份惊人的文件。有些人认为这是日月食观测的记录，但尚无人能将手抄本中日月食出现的模式与玛雅人可能看到的真正日月食事件对应起来。前者更有可能是一张**预警**表，警告玛雅人何时可能会出现日月食。

47

制作一张日月食的预警表需要结合众多观测记录。但很遗憾，玛雅人制作德累斯顿手抄本的方法和过程已无从知晓，相关记录很有可能已被迭戈·德兰达的那一把火或是其他破坏活动毁坏殆尽。不过，我们知道怎样能制作出这样一张表*，也知道德累斯顿手抄本**可能**被用于预测月食**和**日食。实际上，有其他证据（手抄本和人工制品）表明，与巴比伦人相比，玛雅人对日食尤其感兴趣。这是为什么呢？

---

* 安东尼·阿韦尼（Anthony Aveni）研究过德累斯顿手抄本以及玛雅文化的其他众多方面。在他的著作《通往繁星的阶梯》（*Stairways to the Stars*）中，他详细地讲述了制作一份日月食表的方法。

查找日食集中出现的时间，人们找到了一条线索。与月食一样，日食的出现也有一定规律；然而日食（通常是日偏食）一般不会被注意到，因为太阳没有被遮挡的部分仍然发出相当耀眼的光。也就是说，除非太阳几乎被完全遮挡，否则人们很可能无法察觉发生了日食。另，如果在一段较短的时间内集中出现了多场日全食（或接近全食的日食），可能也会引发更多的关注。

日食会经常集中出现吗？回答是否定的。

比利时天文学家让·梅乌斯（Jean Meeus）是当今世界上日月食计算方面最好的专家之一。他指出，对于地球上一个固定的地点而言，发生日全食的时间间隔是极不规律的。在计算出自己的家乡安特卫普（Antwerp）上空下一次出现日全食的时间是2142年5月5日，以及这是此地700年来迎接的第一场日全食后，他感到十分沮丧。不过第二场就不用等太久了：再过九年后的2151年6月14日，日全食带将覆盖这里。

然后，他开始考察日全食或接近全食的日食是否会集中发生。他发现，在他的一生中，中国中部偏南的地区会在2009年、2010年和2020年遇到三次日食。而在邻近的老挝，从1944年到1958年的14年间，共发生了4次。由此来看，在公元331年到344年的短短13年间，尤卡坦半岛上空出现了共5次日全食（包括接近全食的日食）就相当令人惊讶了。这距离公认的玛雅文明经典期——第一部成熟的玛雅历出现，大规模建筑开始兴建——开始后只有一个世纪；根据寺庙中留下的铭文来看，此时也是玛雅天文学萌芽的时期。

48

我们可以合理地假设，短短 13 年间发生的这 5 次日食让玛雅人对观测并预言接下来发生的日食（包括只覆盖了一小部分太阳的日偏食）产生了浓厚的兴趣。这或许便导致形成了德累斯顿手抄本上记载的日月食表。

遗憾的是，我们可能永远无法得知真相。书面记录的证据至今未被发现——很可能永远不会了。

＊　＊　＊　＊　＊

玛雅人对日月食的了解可以从后续的阿兹特克文明中一窥究竟，然而也仅限于得到传承的部分，而且这一过程被后来的西班牙侵略者打断了。与之相反，巴比伦人掌握的日月食知识则得到了广泛传播。

这些知识流入印度，继而进入中国，随后又传到日本。它同样向西方世界传播，人们本以为会进入埃及，然而这便是古代日月食观测的一个异常之处。

在境内所有附带碑文的大寺庙中，古埃及人都没有留下任何关于瞬态天文现象（如日月食或彗星）的记录。长达近 3000 年的埃及文字记录中，唯一一处似乎提及了日食的地方是在末期的朝代，此时古埃及已深受希腊与罗马的影响。相关记录缺乏的原因至今不明。或许，日月食是一个极为不祥的征兆，每当有人去世，人们都会以沉默表示宽慰，并认为最好不要冒险记录；又或许，古埃及人将它们记录在了莎草纸上，那些纸张没能经受住时间的考验或尚未被人发现。无论原因如何，古埃

49

及人没有留下任何关于日月食的记录，也没有表现出任何传承了巴比伦天文学的迹象；后者却没有停下脚步，而是一路向北，进入希腊的岛屿、大陆和小亚细亚半岛，并融入了当地的文化中。

天文学知识从巴比伦人传到希腊人主要发生在公元前四世纪，那时亚历山大大帝正师从伟大的希腊哲学家亚里士多德。得益于二者亲密的关系，大量巴比伦天文学书籍在亚历山大的命令下被翻译为希腊文。一个世纪后，希腊人改进了巴比伦人的方法，将计量日月食时间的误差减小到约 30 分钟。

与此同时，希腊人也发明了许多简便的天文仪器。窥管（diopter）是早期用于勘测土地的仪器，同样可用于测量两颗星星间的角距离。Tetrantas 是领航员所使用的四分仪（quadrant，又名象限仪）的前身，通过指向北极星可确定当地的纬度。星盘（astrolabe）同样是用于确定纬度的仪器，至今已历经了几百年的发展，但最早的星盘由希腊人发明，用于确定日月星辰升起落下的方位。凭借看似有限的设计和建造仪器的能力，这个时期的希腊人有可能建造出一台足以模拟天空中星球们复杂运动的精巧机器吗？通常的回答是“不能”。然而就在若干年前，一组科学家对从地中海海床打捞上来的一小堆青铜制组件重新进行检查，得出了截然相反的结论。

1900 年，一队希腊海绵潜水员[①]从北非的海岸返航回家。

① 原文 sponge diver，指专门从事潜入深海采集天然海绵的工作的潜水员。——译者注

当途径希腊和克里特岛之间的宽阔海峡时，他们遭遇了一场猛烈的风暴，被迫来到名为安迪基西拉（Antikythera）的荒芜岛屿附近躲避。待风暴退去，众人决定探索一下脚下这块岩石层。在约 120 英尺深处，他们看到海床上散布着许多青铜和大理石的雕像；经进一步调查，发现原来踩在脚下的居然是一艘古代船舰的残骸。 50

在接下来的一年中，人们打捞了超过一百件雕像，其中有些代表了希腊工匠的最高水平。其他物品包括数百枚钱币，以及陶制的双耳细颈瓶，瓶子里竟仍装有酒。对那些钱币的研究表明，它们源自小亚细亚海底残骸的东边，可追溯至公元前一世纪。人们还发现了一块青铜，它已被海水钙化，表面覆盖着贝壳。这块青铜被送至位于雅典的一座考古博物馆，保管在木箱里，直到 1902 年人们才把它拿出来检查。第一次粗略的检查中，发现上面有一些很小的、无法解读的希腊文。进一步的检查发现它还有极小的三角形轮齿，切割得非常漂亮。

人们尝试保存这块青铜品，却最终将它拆成了三大块零件。如今，它已被分解为七大块主要的部件和许多小零件。大块的部件重新接受检查，这次我们看到了其他一些证据，表明这一大块青铜品曾经被装在一个木盒子里，一侧有一个大表盘，对侧有两个小一些的，整体的尺寸相当于现在的一台笔记本电脑或是一个鞋盒。在最大的一块零件内部，是由许多青铜齿轮组成的复杂机械。

2005 年，人们使用了更加先进的技术来检查这个如今被称为安提基西拉机器（Antikythera Mechanism）的物件。该技术通过X射线扫描，形成物体内部的三维高分辨率图像。在图像中，可以看到许多齿轮相互啮合，组成复杂的机械结构。通过使用强光从不同角度照射零件外表面，我们得以十分清楚地看到表面纹理，其中含有数百个以前没有发现的希腊字母，有的字母长度不及十分之一英寸。

人们花费了数年时间来绘制这些齿轮的结构图，并解译新发现的希腊文。其中一个主要发现是，最大的齿轮上共有223个齿。研究安提基西拉机器的人立刻便明白了它的含义：223正是一个沙罗周期内包含的月数。当然，发现不止于此。

51

安提基西拉机器是一个高度精密的机器，它通过齿轮的旋转来计算日月行星的周期运动。简而言之，它相当于把巴比伦和希腊的天文学用机械的方式展现了出来。主表盘用于显示天体相对于黄道十二宫（季节星座）的位置；对侧的一个表盘用于跟踪太阳和月亮19年周期（被称为默冬周期）的运动，另一个表盘与223个齿的大齿轮相连，可能被用于预测日月食。

若要进行预测，表盘必须与近期观测到的一次日食或月食同步。然后，通过转动位于机器侧面的手柄，齿轮会带动表盘一同旋转。当表盘指向某一特定的刻度，机器的使用者就可以知道未来日月食发生的确切日期和时间，以及它是偏食还是全食。

机器的精确度如何呢？如果能够完美工作，即所有的齿轮都位于正确的位置上，那么它可以连续预测接下来数个世纪内发生的所有日月食。若根据最近的一次日食和月食进行校准，它便可以在数小时的误差内预测数年后任意一次日月食的时间。

然而，那些大小不足十分之一英寸的细小齿轮均为手工制作，故很难被安装在正确的位置上，这导致预测的时间误差达一至两天，预测月亮在天空中位置的误差约为数个月面直径。机器预测的准确度不及希腊人根据天体运动和预测日月食的知识进行人工计算的结果，但这并不妨碍前者被视为一个杰出的成就：直到中世纪的欧洲，才出现了复杂度与之相当的机械钟表。

在接下来的数个世纪里，人们仍在不断努力以提高预测日月食的能力，不是为了及时寻找国王的替身，而是因为存在更为实际的需求。 52

第四章 丈量世界

当我还是个孩子的时候，我曾被父母叫到屋外，观看空中的月食。

——约翰内斯·开普勒（Johannes Kepler）回忆他在十岁时看到的一场月食，那天是1580年1月31日

第一张包含了世界大部分区域的地图由希腊地理学家托勒密（Ptolemy）于公元二世纪绘制。地图的最西边是西班牙，最东边一直到马来半岛。图上粗略地画出了不列颠岛，以及附近的丹麦。绘制得最为详细的部分自然是托勒密最熟悉的

地中海区域，意大利半岛独特的靴子形状清晰可见。西西里岛、萨尔季尼亚岛和科西嘉岛的比例近乎正确，然而克里特岛和塞浦路斯岛显然被画得过大了。不过，若仔细观察并研究托勒密的地图，便会发现地中海的整体形状似乎都不大对劲：它的长比宽大了太多。整个地中海，包括其中的诸多细节，都在东西方向上被拉伸。但托勒密就是这么画的，因为他不知道在记录月食的时间上存在着严重错误。

包括托勒密在内的古人们知道月食可用来确定遥远两地之间的经度差，因为一场月食可以在地球表面上超过一半的位置同时被观测到，不同地点观测到月食的时刻可用于确定经度。为此，托勒密需要两名观测员，来记录在月食过程中的特定时刻，月亮处在天空中的哪个位置。然后，根据已知的地球直径——希腊天文学家喜帕恰斯（Hipparchus）在托勒密绘制那张地图数百年之前便已得到一个相当合理的数值——只需运用简单的几何学，就可以知道两名观测员在东西方向上的距离，即经度差。

托勒密翻阅历史上的月食记录，寻找两次时间相近的观测。他找到了约四百年前的一对符合条件的记录。

根据巴比伦人的记载（见《天文日记》），在阿尔贝拉战役（Battle of Arbela，又称高加米拉战役）——在这场战役中，亚历山大大帝打败了波斯帝国的大流士三世（Darius III）——11天前的晚上，月亮升起五个小时后，空中便出现了月食。托勒密得知，在北非的迦太基（Carthage），有人在月亮升起仅两个小时后也看到了同样一场月食。三个小时的时差意味着，阿尔贝拉（靠近今伊拉克埃尔比勒市）和迦太基在经度上相差45°。但现在我们知道，实际上两次观测之间的时间差应只有两个小时，即两地的经度差只有30°。这个错误令托勒密过大地估计了地中海的长度：地图上的长度比实际大了50%，即约600英里*。 54

这一错误在历史上造成了重大影响。13个世纪之后，当哥伦布试图说服西班牙的国王和王后赞助他向西至中国的航行时，他使用了托勒密的地图——那张东西方向上被拉长的地图，自然，哥伦布无从知道这一点——来展示中国不会像其他人所说离他们那么远。最终，哥伦布扬帆出海，历史便被改写了——尽管这并非他的初衷。

第一个尝试利用月食来确定遥远两地的经度差的人是一个名为艾哈迈德·比鲁尼（Ahmad al-Biruni）的穆斯林学者，他曾住在咸海南岸的卡斯城（city of Kath）（位于今乌兹别克斯坦卡拉卡尔帕克市附近）。他与住在巴格达的朋友艾卜·瓦法（Abu al-Wafa）约定同时观测一场月食，并记录发生时间。他们选择了997年5月24日的月食，测得看到月食的时间差约为一个小时，相当于经度上相差15°，与实际值相当接近。

比鲁尼又安排了另几次同时观测。1003年，他测得巴格达与今阿富汗加兹尼（Ghaznai）的经度差为14°，与实际值一致；1004年，他测得土库曼斯坦的库尼亚－乌尔根奇（Kunya-

* 与之相对，纬度差的测量更加简便，因为一个地方的纬度只需测量北极星相对地平线的高度仰角即可确定。

Urgench）与他的居住地之间相差10°，比实际值仅多了1°。考虑到他与合作者使用借助沙砾的缓慢移动来计时的工具（这正是300年后问世的航海沙漏的前身）实现了如此高精度的测量，他们必定想办法将当地时间的误差减小到了数小时内不超过4
55
分钟，这不能不说是极为惊人的成就。

* * * * *

在罗马帝国的全盛期，托勒密的影响力也遍及四方。他住在亚历山德里亚城，尽管他是在希腊出生，却拥有罗马的公民身份。除此之外，我们对托勒密的生平知之甚少，只能得知他曾写过几篇专题论文。这些论文涉及光学、音乐和地理，其中有关地理的文章里提到了他绘制那幅著名地图的方法。但他写得最多的，是关于天文学的文章。

其中一篇文章的希腊文标题为*Mathematike Syntaxis*，意为《数学论文》。原始的希腊语本已丢失，现存最早的版本是阿拉伯语的译本。实际上，阿拉伯天文学家对此书奉为至宝，以至于他们给书名加上了最高级的"伟大"（*megisti*）一词。再加上定冠词*al-*，托勒密的这本关于天文学的巨著在阿拉伯语里便被称为*al-Majisti*。之后被转译为拉丁文时，书名变成了*Almagest*——即今天人们熟知的《天文学大成》。

《天文学大成》中几乎全部是关于天文测量技术和计算方法的内容，绝大部分基于巴比伦人首先提出的方法。托勒密将前人的观测结果列成表格，至于其中是否有他自己的贡献不得而知。它极大地依赖于数百年前的希腊天文学家喜帕恰斯提出的想法。《天文学大成》繁复浩瀚，包罗万象，以至于令其他早期的天文学著作失去了存在价值，抄写员们也不再复制那些文章，这使得托勒密的著作成为了古地中海世界遗留下来的唯一一部完整的天文学论文。

《天文学大成》固然存在一些问题。例如，有关如何计算并观测日月食的讨论零散地分布在数个章节中。好在托勒密写了另外一本关于天文学的书以弥补这个缺点。这本书名为《实用天文表》(*Handy Tables*)，书中将相似的计算分类汇总，并附上了更为详实的表格。它看上去似乎是专为那些需要经常进行计算的人（例如占星术士等）准备的。如今，托勒密的原版《天文学大成》已无处可寻，《实用天文表》也仅剩数页幸存，现有最早的完整版本是由希腊亚历山德里亚的数学家西昂（Theon of Alexandria）于公元四世纪制作的副本。 56

在西昂制作了此副本的一个世纪后，罗马帝国的西边陷落了。东罗马改头换面，称作拜占庭帝国，首都在君士坦丁堡——即今土耳其的伊斯坦布尔。尽管信奉基督教的拜占庭人与来自东方信奉伊斯兰教的阿拉伯人之间的小规模军事冲突连绵不断，但双方仍然时不时地互派信使。在其中一次派遣时（有记录称是在820年），一名阿拉伯学者——人们只知道他被称作“萨勒姆”（Salm）——说服了拜占庭皇帝莱奥五世（Leo the Armenian），允许他抄写君士坦丁堡博物馆中的书籍，其中便包括《天文学大成》和《实用天文表》。

于是，许多希腊的天文学知识就这样流入了穆斯林的世界，穆斯林在此基础上又进行了相当程度的扩充。其中最有名的便是穆萨·花拉子密（Musa al-Khwarizmi），他将古希腊的天文学知识与先进的印度数学结合起来，改进了天文表的计算结果，得到一系列更多的表格，可以用来预测行星的运动、日出日落的时刻，以及新月后何时可见月牙。其中也包括一张用于预测日月食的表格，比鲁尼可能正是使用它来制定了同时观测月食的计划。

在进入公元第二个千年时，穆斯林天文学的中心从东边的巴格达转移到了西边的托莱多（位于今西班牙）。1080 年，一群穆斯林和犹太天文学家计算出了又一系列的天文表，由于计算是在托莱多完成，这些表格被叫作《托莱丹星表》（*Toledan Tables*）。《托莱丹星表》问世后不久，本应成为西班牙领土的大部分土地落入基督教徒的统治下，他们在百余年里一直使用此星表，直到发现星表的预测与实际观测出入较大（可达一天）。于是，人们又计算出了一批新的星表。

57

新星表的制作由阿方索十世（Alfonso X of Castile）主持，问世于 1252 年，因而被冠名为《阿方索星表》（*Alfonsine Tables*）。它对日月食等事件的预测准确到了小时级别，在当时可以说是革命性的。实践表明它在绝大多数情况下比《托莱丹星表》更准确，这是因为阿方索坚持进行新的测量以作为计算的依据。从试图预测天文现象、观察，到修正计算结果，包括其中使用由托勒密描述、再由花拉子密改进的方法，一系列工作的完成需要极大的勇气和毅力。或许正是因为此，阿方索才说："如果上帝在创世之前先咨询过我，我会建议他把世界做得简单些。”

这一切都要归功于穆斯林天文学家，正是他们保存并扩展了这些天文知识。当时，基督教统治下的欧洲正处于一段阵痛期（有人称其为恶化期），即罗马帝国毁灭后的黑暗中世纪。但在欧洲开始了复兴后，知识便迅速得到传播。从托勒密的思想在西方文学作品中的出现时间便可窥其一斑。

意大利诗人但丁·阿利吉耶里（Dante Alighieri）出生于阿方索星表问世后的第十三个年头。他最著名的作品《神曲》（*The Divine Comedy*）写于1308年到1320年之间，便是基于《天文学大成》写成。尤其是在《神曲》的第三册《天国篇》（*Paradiso*）中，贝亚特里切（Beatrice）引领旅人但丁穿过九个天体王国，每一个王国对应于托勒密所提出的围绕地球的九个同心球面中的一个*①。

58

在但丁之后过了半个世纪，一位英国作家杰弗里·乔叟（Geoffrey Chaucer）在《坎特伯雷故事》（*The Canterbury Tales*）一书中展示了自己对托勒密天文学的详尽了解。他在故事集里的《自由农的故事》中提及了《托莱丹星表》；在《磨坊主的故事》中提到了一次《天文学大成》，在《巴斯妇的故事》中提到了两次。故事中的几乎所有角色都或多或少与天体间的相对位置有一些关联。在《商人的故事》中，一个名为冬月

---

* 但丁在他早期没那么有名的作品《筵席》（*Convivio*）（发表于约1305年）中，解释了银河的起源、火星亮度的变化和金星运行轨道的复杂性等天文现象，其中也引用了托勒密的文章。

① 此处作品章节及人物译名引自《神曲》，田德望译，人民文学出版社，1990。——译者注

（Januaries）的人物被一只蝎子刺瞎了眼睛，人们认为这在暗指发生于1389年5月10的一次月食，当时月亮正位于蝎子座中。《阿方索星表》预测了这次事件，而乔叟很有可能读过了[①]。

星表制作的下一次重大进展出现在1474年，约翰内斯·弥勒（Johannes Müller）——人们更熟悉他的拉丁文名字，雷吉奥蒙塔努斯（Regiomontanus）——对《阿方索星表》进行了一些改良，并出版成书。书简称为《星历表》（*Ephemerides*），厚达896页，十分畅销，得到广泛传播。除此之外，人们还制作发行了许多《阿方索星表》的精简版，其中由葡萄牙人亚伯拉罕·扎库托（Abraham Zacuto）编写的名为*Almanach Perpetuum*（意为《永久年历》）的星表尤其值得一提：哥伦布在第四次、也是他最后一次探索新世界的航行中携带的正是这本星表。

哥伦布的第四次航行历时最长，野心也最大。他于1502年5月12日离开西班牙，沿着伊斯帕尼奥拉岛、古巴和中美洲的海岸线航行了超过一年。1503年6月，船队的旗舰*La Capitana*[②]被一场风暴摧毁，哥伦布决定把它拖到牙买加北部海岸的圣安斯贝（St. Ann's Bay），并派其他船只去伊斯帕尼奥拉岛寻求支援。然后他开始了等待。

数个月过去了，当地人已厌倦于哥伦布及他的随行人员对食物持续不断的索求。哥伦布察觉到他们不满的情绪，便派人

① 标题及人物的译名引自《坎特伯雷故事》，方重译，上海译文出版社，1983。——译者注

② 西班牙语“旗舰”之意。——译者注

送信，邀请当地的首领来会谈。首领带着一群人，于 1504 年 2 月 29 日登上破损的船只。哥伦布告诉他们，由于他们没能为船队带来足够的食物，上帝很生气，要降下饥荒和瘟疫以示惩罚。为了证明自己所言不假，哥伦布预言月亮将“带着怒火”升起。

59

他之所以敢如此大胆断言，是因为他看过扎库托的简明星表，知道这天晚上会发生一场月食。升起的月亮的确是暗红色，当地人也依言向他们提供了更多的食物。终于，在四个月后的 1504 年 6 月 29 日，救援的船队抵达，让所有的人都舒了口气，哥伦布一行人扬帆离开了。

但必须指出，对于那些怀有美国优先的历史观的人来说，哥伦布预测月食并借以生存的能力只不过是种种事件叠加下的产物而已。真正的功臣是《阿方索星表》、花拉子密、不为人知的阿拉伯学者萨勒姆、西昂、托勒密、《天文学大成》，以及——最终要归功于——古巴比伦人（因害怕国王去世而发展的）预测日月食的能力。

* * * * *

哥伦布不只是用星表勒索了更多食物，他在日月食历史上留下的影响还有后话。在他启航前往新大陆两年后的 1494 年，向大西洋彼岸铆足了劲派遣船队的两个国家葡萄牙和西班牙之间签订了《托德西利亚斯条约》（Treaty of Tordesillas）。该协议旨在确定双方分别控制新发现大陆的哪些部分。协议中规定，区域的划分沿一条经线，这条经线位于非洲大陆沿岸的佛得角群岛（Cape Verde Islands）以西370里格（约等于1300英里）。经线东侧的所有非基督教土地的政治和经济控制权均归葡萄牙所有，而西侧则受西班牙管辖。问题是，没有人知道经线到底穿过了哪些地方。其后的数十年间，双方围绕这个问题争论不休，偶尔还发生武装冲突。

1518年，斐迪南·麦哲伦（Ferdinand Magellan）计划进行一次环球航行，顺便捎上一名天文学家以解决上述的问题。他找到了一个人，这个人为他开出一张清单，上面列有在航行期间可能遇到的所有月食。但不幸的是，这个天文学家不久之后便心智失常，未能按计划随船队出海。

60

实际上，麦哲伦的航行没有解决问题，反而激化了矛盾。当他的第一批船队返回西班牙（麦哲伦本人在回归的一年前死于菲律宾）时，船上装满了从马鲁古群岛（位于太平洋西边）获得的珍贵香料。可是，那些富集着在未来的贸易中至关重要的商品的岛屿究竟是归葡萄牙还是归西班牙？接下来的数年里，两国的船队在太平洋进行了一场历史上未留名的海上战争。最终，在1529年，这件事情通过双方签订《萨拉戈萨条约》（Treaty of Zaragoza）得到解决：岛屿的控制权归葡萄牙所有，葡萄牙为此向西班牙支付了相当的补偿。该条约还规定了另一条经线——位于马鲁古群岛以东300里格——以分隔葡萄牙人和西班牙人的势力范围。然而最初的问题依旧：还是没有人知道这条经线穿越了哪些地方。为了消除部分不确定性，西班牙决定启动一项世界级的项目，通过测量月食的时间来精确测定经线的位置。

1577年，西班牙政府为印度议会（Council of the Indies）设立了新的公职，由宇宙史学和编年史学家担任。项目的首任领导者叫胡安·洛佩斯·德贝拉斯科（Juan López de Velasco），是印度议会主席（统领所有西班牙占领地）的前任法律助手。德贝拉斯科在马德里领导项目20年，这也是该项目的总寿命。

德贝拉斯科本人虽不是制图员，但他找来了一批懂行的人。然后，他以极端官僚主义的作风，令那些人制作了一张冗长的问卷，并分发至各政府官员和大领主。问卷的回答被用于决定各省会城市及地方都市的位置，其中包括估计城市距离一些主要地标有多远、在哪个方位，以及正午时太阳距离地平线的高度角。问卷还要求各地的人测量北极星的高度，以确定该地的纬度。问卷的最后，官员和领主们还要观察并记录月食，文件上给出了制作仪器并进行观测的步骤与详细指导。

61

第一版问卷主要是为1577年9月27日的月食做准备，在欧洲和美洲都可以看到这场月食。问卷印刷并分发了百余份，但返回的寥寥无几。第二版问卷比第一版短一些，指示也更简单，在1578年的月食发生之前分发了出去；第三版问卷更短更简单，瞄准的是1581年的月食。第二和第三次还是几乎没有得到任何回复；寄回来的问卷上给出的回答和测量结果也互不一致，根本无以确定经度。

于是，德贝拉斯科改变了策略。他不再依赖分布在全国各地的数百民众对月食进行观测，而是决定派一批训练有素的天文学家前往墨西哥城，以确保至少一个可靠的测量结果。贝拉斯科选择了海梅·胡安（Jaime Juan），在陈述其理由的文件中形容此人是“数学和天文计算方面的专家”。我们对胡安几乎一无所知，只是知道当时他在巴伦西亚（Valencia）工作，曾于1583年被关进债务人监狱；若当年西班牙的船队没有因建造新船而延期出发，他很有可能错过了前往新大陆的航行。

但他最终还是搭上了船，携带着德贝拉斯科与顾问为他准备的一套详细的指令。指令上写了如何制作仪器以观测月食，例如“用一块长宽至少一码[①]的厚木板的直边”和“一根长三分之一码的细铁棒”，“铁棒上松垮地系上一条细棉线”等。指令中还专门规定了胡安在汇报观察结果时应使用的词汇，以最大限度保证记录清晰准确。他还要在看到陆地时进行其他一系列的测量。例如，花数天时间观察太阳的运动轨迹以确定地理北极的方向，并在一块大石板上记录下来；测量指南针所指北方与北极的夹角——磁偏角，它在导航中用处很大；还要指导船长学会新的导航技术，并试验德贝拉斯科交付的六种新式导航仪。考虑到西班牙海军的船长对航位推测（dead reckoning）以外的任何导航方法都嗤之以鼻，最后一个任务在执行时遇到了最大的阻力。

62

胡安抵达墨西哥城后，结识了三个愿意帮助进行月食观测的当地人。一个叫弗朗西斯科·多明格斯·德奥坎波（Francisco Dominguez de Ocampo），是一位制图师，曾在数年前被送到新西班牙以绘制当地的详细地图。另一个叫佩德罗·法尔范（Pedro Farfán），是当地的一名医生，也是博物学

① 1码等于3英尺，约等于0.9144米。——译者注

家，经常收集并描述动植物的样本，然后送到西班牙供他人检查。最后一个、也大概是最有帮助的人，叫克里斯托瓦尔·古迭尔（Cristóbal Gudiel），他是一名枪械师，也是首个在新大陆获得西班牙政府授权制造火药的人。他的技能无可替代，因为他要负责搬运从当地一位大主教那里借来的机械钟，并调整钟锤，用于为月食计时。

在月食发生前数天，四人聚在一起进行排练。他们商定每人各自估计月食开始和结束的时刻。1584 年 11 月 17 日，月食发生当天的下午，胡安说钟表“已经准备就绪”。四人静静等待。

根据德贝拉斯科给出的预测，月食应在月亮升起约一个小时后开始。可实际上，月亮在升起来的时候就已经是暗红一片。四人只能测到月食结束的时间。

当月亮开始脱离地球的暗影时，它仍然相当接近水平线，这进一步增大了确定月食结束时间的难度。尽管如此，四个人还是各自给出了结果。胡安写好报告，发回西班牙，供德贝拉斯科和助手们进行必要的计算。结果虽没有预料的那般好——钟表走不准，月食预测也出了差错——不过还是取得了一定的进展。

63

在这之前，人们试图定位墨西哥城，确定当地的经度，然而结果的误差接近 15°，即超过 1000 英里。胡安与合作者将误差减小到约 200 英里，提高了地图的整体精度，但凭这些仍不足以确定新西班牙海岸线的位置。

离开墨西哥城之后，胡安来到西海岸，在那里他搭上了一个西班牙的舰队，该舰队即将跨越太平洋。他们先是北上探索加利福尼亚海岸，直到最北边的门多西诺（Mendocino），然后折向西，来到菲律宾的马尼拉。在那里，胡安按照德贝拉斯科的指示，准备观测 1587 年将发生的一场月食。不过在抵达马尼拉后不久，胡安便生了病，不等看到月食便因高烧死去，德贝拉斯科的努力再一次受阻。

* * * * *

如前文所述，我们从海梅·胡安和他在墨西哥城所做的努力中可以学到两点。第一，利用月食精确测定经度需要一个可靠的钟表。而直到下个世纪，荷兰数学家、钟表匠克里斯蒂安·惠更斯（Christiaan Huygens）才设计并制造出了世界上第一台摆钟。第二，月食的预测仍有待改进。基于雷吉奥蒙塔努斯的《星历表》或扎库托的《永久年历》或其他类似的星表（如今得益于众多出版社，此类星表多如繁星）做出的预测可能与实际偏差达数小时，这使得派人去远方观测月食难以成为最佳选择——最坏的情况下，那个人甚至可能错过或看不到任何月食。不仅如此，由于钟表的校准依赖于天文观测，更精准的星表有助于得到更可靠的时间计量。

64

此时，托勒密的宇宙观也开始受到挑战。在《天文学大成》的第一卷中，他将宇宙描述为一个以地球为中心的系统，太阳、月亮和其他行星都沿着圆轨道绕地球运动。托勒密还为每个星体的轨道添加了本轮，从而引入次级运动，表示所有天体的运动都是两个圆环的组合：大圆环以地球为中心，小圆环（即本轮）的中心则落在大圆环之上。这一组合用于解释人们观测到天体相对背景星河的运动速度发生的细微变化。

1543年，尼古劳斯·哥白尼（Nicolaus Copernicus）发表了著作《天体运行论》（*De revolutionibus orbium coelestium*），提出了日心说模型。哥白尼认为，太阳位于宇宙的中心，其他行星（包括地球）沿着含本轮的圆轨道绕太阳运动。他还提出月亮围绕地球转，其轨道也是带有本轮的圆形。

1551年，伊拉斯谟·赖因霍尔德（Erasmus Reinhold）发表了第一套基于哥白尼的日心说计算的星表。赖因霍尔德的工作和星表的出版得到了阿尔布雷希特公爵（Duke of Prussia）的资助，于是星表的名字便为《普鲁士星表》（*Prutenic Tables*，又名 *Prussian Tables*）。考虑到它根据日心说模型而非地心说计算得出，有人可能会猜测它比前任的工作更进一步。可惜它没有，预测行星位置（以及日月食）的能力依旧如初，这是因为哥白尼仍然认为包括地球在内的行星围绕太阳运动的轨迹是圆。又等了75年，该领域内才出现了重大进展，然而发挥关键作用的天文学家竟饱受视力不佳的折磨，这不能不说是一种讽刺。

约翰内斯·开普勒永远记得他在小时候遇到的两件事，正是这两件事引领他走上了日后的人生道路。第一件事发生在他五岁时一个冬日的夜晚，他的母亲带他登上一个山坡，目睹一颗大彗星划过夜空。三年后，发生了第二件事：他的父亲在晚上带他出门，观赏一场月食。

65

开普勒在蒂宾根（位于德国南部）的一所大学完成了学业。他的天文学导师是米夏埃尔·马斯特林（Michael Maestlin），是第一批承认并教授哥白尼日心说的人中的一位。1600年，开普勒成为第谷·布拉厄（Tycho Brahe）的助手，后者是一名伟大的、也是最后一个裸眼观测的天文学家，在望远镜出现前的最后数十年仅凭一双肉眼凝视夜空。然而，布拉厄笃信地心说：在研究天空的数年里，他从未看到过星星的逆行——若地球确实围绕太阳转，那么应该能看到有逆行的星星；而且也没有证据表明地球正以极高的速度运动——如果哥白尼是正确的，地球应具有相当大的公转速度。最重要的是，地球位于宇宙中央的图景与《圣经》中的描述一致：若非如此，在基遍之战（Battle of Gibeon）中，约书亚便无需阻止太阳的运动，因为位于中心的太阳显然是不会动的。

实际上，布拉厄对托勒密的地心说提出了一些修正。布拉厄的模型中，地球仍然位于中心，太阳和月亮绕地球转，只不过五个可见的行星是围绕太阳转的。布拉厄想要依据他的模型计算出一套星历表，为此他雇用了开普勒以协助计算，但计划开始不久，布拉厄便死了。在临终之际，他恳求助手完成他的事业——依据他的模型，而非哥白尼的。

接下来的数年里，开普勒受尽苦难。他几乎总是有病缠身：一只眼睛出现重影，身上（尤其是肩膀）经常出现脓肿和疹。他无法久坐，必须时不时前后移动身体；每日只能啃咬骨头和干面包。开普勒计算了一年又一年，试图根据布拉厄的模型计算出符合导师数十年观测记录的结果，却以失败告终。于是他转而使用哥白尼的模型，但仍存在相当大的差异，尤其是火星的运动。1604 年 12 月，死亡的念头萦绕在开普勒的脑海中，致使他体重骤减，他打算放弃计算工作，留给未来的数学家挑战。然而在下一年的复活节时分，他忽然找到了解答。

66

若火星的运行轨迹不是完美的圆，而是椭圆，计算的结果和观测便相互吻合。开普勒意识到，若火星如此，其他行星也必然同理。这意味着，所有的行星（包括地球）都沿着椭圆轨道运动，太阳则位于椭圆的一个焦点上。若要开普勒来形容，这就像是从一场沉沉的梦中醒来。

他进一步计算，发现行星沿椭圆轨道运动的速度取决于它到太阳的距离。离太阳越远，它就运动得越慢。开普勒得到了确切的数值：在相等时间内，行星到太阳的连线扫过的面积相等。

1609 年，开普勒在发布的新书《新天文学》（*Astronomia Nova*）中详尽描述了他有关椭圆轨道和行星运行速度的发现。随后，他便着手计算新一套星历表。这一算就是 18 年。完成计算后的第二年，他去讨要神圣罗马帝国皇帝鲁道夫二世答应给他的钱，以将星表付印成册。拿到钱后，开普勒来到林茨市想找人印刷，但当时正值三十年战争[①]之际，城市遭到围困，他的手稿几乎丢失殆尽。值得庆幸的是，他从耶稣会会士的天文学家那里收到了来自远在印度和中国的同行们的信函，信中说他们获知了他的工作，希望能得到一份他的星历表。最终，

① 指 1618 年至 1648 年在中欧发生的一场大规模战争。——译者注

开普勒在乌尔姆市找到了一个印刷工人，名为约纳斯·绍尔（Jonas Saur），开普勒形容此人“不友善、自傲、挥霍且鲁莽”。但至少，开普勒成功与他交涉，并将星历表印了出来，并冠以神圣罗马帝国皇帝之名——《鲁道夫星表》*。

67

* * * * *

如前文所述，许多人都对开普勒及他的工作——《鲁道夫星表》的计算感兴趣。其中有一人叫亨利·盖利布兰德（Henry Gellibrand），他在被任命为伦敦格雷舍姆学院（Gresham College）的天文学教授后，得到了一本开普勒的《新天文学》。他细细阅读，几乎在每一页上都做了注释。当《鲁道夫星表》在1627年问世时，盖利布兰德很有可能也弄到了一本，并仔细研读。这或许令他意识到，应该基于开普勒的椭圆轨道理论，利用月食重新丈量一次脚下的地球。但他需要找一个能出海的人。

我们对船长托马斯·詹姆斯（Thomas James）的早期生平了解甚少，只知道他是威尔士人，他的父亲曾是高级市政官，两任英格兰布里斯托尔市的市长。詹姆斯第一次出现在公开记录中是在1628年，他拿到了私掠许可证，成为“龙号”私掠船的船长。“龙号”重140吨，建造已有6年，武装有10杆枪。派船的目的是保护英国海岸免遭法国小型护卫舰的侵略。他下

* 值得一提的是，在这段时间内，开普勒娶得一妻，并计划在发生月全食的一天，即1613年10月18日举办婚礼。然而因某个至今不明的原因，在婚礼前一天行程被推迟，直到月全食后第三天才举办。

一次出现在公开记录中是在 1631 年，当时他被选为布里斯托尔商人冒险家协会（Society of Merchant Venturers）的会员，并受命率领一次航海，以寻找西北航道。

自从 1492 年哥伦布远航以来，欧洲人便试图绕过美洲大陆抵达印度和中国。英国探险家亨利·哈得孙（Henry Hudson）于 1611 年进行了一次著名的尝试，他尽可能向北航行，直到被一片冰墙阻碍，然后折向西，发现了一个如今用他的名字命名的大海湾。20 年后，托马斯·詹姆斯打算重复他的工作。

詹姆斯认为用一艘不大于 70 吨的船航行是最好的。他选择了“亨丽埃塔·玛丽亚号”，船名源于英国女王之名。他还决定船员人数不超过 22 人，所有人需“未婚并健康”，并拒绝了任何“习惯于北方布满浮冰的海洋”的人，以避免船员质疑他的决定，挑战他的权威。他在船上装载了 18 个月的供给，还准备了“一大箱在英格兰买得到的最好的数学书籍”，又买了最好的导航仪器，并寻找懂得如何使用这些仪器的人。在他人的建议下，詹姆斯找到了格雷舍姆学院的盖利布兰德教授。

68

在他们的谈话中，盖利布兰德用不容置疑的语气告诉船长，如果他们两人能同时对一场月食——盖利布兰德在伦敦，詹姆斯在北美的北端——进行观测，将是一个绝好的机会。但有个问题：下一次月食将发生在 11 月，也就是说詹姆斯需要在北极圈内过冬。詹姆斯同意了。

“亨丽埃塔·玛丽亚号”于 1631 年 5 月 13 日从布里斯托尔启航。船长詹姆斯在 6 月 14 日看到了格陵兰，第二天四周的海面上便出现了许多冰块。6 月 27 日，他们来到了哈得孙湾

（Hudson Bay）的入口。

穿过一片漂满浮冰的海面后，詹姆斯于9月12日抵达了哈得孙湾的最南端。他沿着海岸线航行了一个月，试图寻找一条宽阔些的河，以靠近圣劳伦斯河，但失败了。到了十月中旬，天气明显进入冬季，他决定在查尔顿岛过冬。船员们搭起一个仓库、一个厨房和三座睡觉用的小房子，用帆布做成屋顶。詹姆斯花了两个星期，在中午测量太阳的方位，确认了自己与伦敦在纬度上只相差30英里。

根据他的日志，1631年11月8日[①]，他“看到了一场月食，我尽可能仔细观测，并按照规程准确使用携带的仪器”。他还记到“整个大陆都盖上了厚厚的积雪”。

愈发恶劣的天气阻碍了他的航行。一个月后，詹姆斯决定 69 把“亨丽埃塔·玛丽亚号”沉到水下，以免船被漂来的冰山撞毁。他和木匠取来一个螺旋钻，“在船身上钻了一个洞，让水灌进船舱”。接下来，船长和船员开始担心他们能不能挨过这个冬天。

他们挺过去了。到次年5月，浮冰显著减少。使用铁棒、短刀和热水，船员们开始把沉在水下的“亨丽埃塔·玛丽亚号”打捞上来。众人奋战两个月，总算让船重见了天日。木匠补好了洞，一切准备停当，蓄势待发。在出发之前，他们在海岸硕大的十字架旁举行了一个仪式，这个十字架是为了纪念没能挺过冬天而长眠的四名同伴设立的。1632年7月11日，“亨丽埃

① 原文为1831年11月8日，为作者笔误。——译者注

塔·玛丽亚号”起航，于同年 11 月 1 日回到了布里斯托尔。

詹姆斯把他们的经历写成了一份报告，名为《托马斯·詹姆斯船长的危奇之旅》(*The Strange and Dangerous Voyage of Captaine Thomas James*)，于 1633 年出版。这是第一本畅销的极地探险游记，影响了日后的塞缪尔·泰勒·柯尔律治(Samuel Taylor Coleridge)创作长诗《老水手行》(*The Rime of the Ancient Mariner*)①。报告的末尾是盖利布兰德写的附录，其中包含了那场月食的观测记录。

盖利布兰德总结称，他在伦敦格雷舍姆学院进行测量的地点与詹姆斯在查尔顿岛上营地之间的经度差是 79°30′。现代的地图显示两地经度差实为 79°45′，换算成英里数是 3218；盖利布兰德和詹姆斯的测量给出的距离是 3207 英里——二者只差了 11 英里！

这是一个惊人的成就。盖利布兰德和詹姆斯知道他们完成了一件壮举。盖利布兰德估计他的计算误差约为 20 英里。在附录中指出了这一点后，他写道，这将“极大地鼓励我们英国的水手和其他人在国外的港口进行类似观测；他们必将得到祝福，升入天堂安息”。

70

① 柯尔律治(1772.10.21—1834.7.25)，英国诗人、文学评论家，浪漫主义文学奠基人之一，著有文学评论集《文学传记》。诗作题目译文引自译林出版社《老水手行——柯尔律治诗选》，杨德豫译。另有说法称，柯尔律治创作此诗的灵感源自詹姆斯·库克船长于 1772—1775 年的太平洋航行。——译者注

*　*　*　*　*

开普勒的《鲁道夫星表》在预测天象中继续保持对早期星表的优势。它首次给出了水星凌日的预告，并由法国的皮埃尔·伽桑狄（Pierre Gassendi）于 1631 年 11 月 7 日观测证实。它同样首次预告了金星凌日，并由英国的杰里迈亚·霍罗克斯（Jeremiah Horrocks）于 1639 年 12 月 4 日观测到。借助《鲁道夫星表》，巴黎的尼古拉-克洛岱·法布里·德佩雷斯克（Nicolas-Claude Fabri de Peiresc）组织进行了在八个地点对 1635 年 8 月 28 日月食的同步观测，从中东横跨地中海直到欧洲，并根据测量的时间修正了托勒密对地中海长度的估算。当然，星表的作用不止于此。

《鲁道夫星表》是第一份可供人计算天体位置并给出足够准确的预测的星历表。人们很快便意识到，它不仅可用于预测未来，还能用来追溯行星和月亮在**过去**某一时刻的位置。它提供了一条新的途径，以准确判定历史事件——当它与某一次天文事件（如日月食）有关联时——发生的日期。

71

第五章 殷墟

钦天监推算日食前后刻数俱不对。天文重事，这等错误，卿等传与他，姑恕一次，以后还要细心推算。如再错误，重治不饶[①]。

——1629 年崇祯帝下旨钦天监

1899 年，一场疟疾突然席卷中国，疫情直逼北京，当时的国子监主官王懿荣也未能幸免。他咨询了一个郎中，郎中

① 引自《西洋新法历书·治历缘起》，徐光启等著。——译者注

给他开了一副很有名的退烧药方，并告诉他派人去药店买来一袋龙骨。龙骨研成粉，加入热茶中，即可制得膏剂，用于涂抹在身体有效部位。

73

王懿荣照做了，他派一个仆从买回了骨头。他刚要把那些骨头磨成粉末，却发现上面刻着一些细小的汉字，和他曾经在古代的青铜制品上看到的文字很相似。他立刻停止研磨，并叫那个仆从去药店，把里面所有的龙骨都买来。仆从背回来好几个袋子，里面装着数百块骨头，其中大部分都是小碎片。王懿荣把骨头都倒了出来，并仔细研究，发现它们都是颇具年代的甲鱼壳。在其中一些“骨片”上，他又发现了更多的汉字。

次年，便发生了著名的义和团运动，当时中国许多受疟疾爆发影响的城市遭到了外国侵略者的攻击。王懿荣是负责守卫北京的指挥官之一。当城市陷落，他决定以死谢罪，并在死前把财物分给了家人和朋友；而那个装有古代甲鱼壳的袋子，则被交给了另一位学者刘鹗。1903 年，刘鹗出版了首本描述这些古老甲鱼壳的书，这些刻在骨片上面的文字被称为“甲骨文”。

人们对甲骨的兴趣愈发浓厚。其中一人——罗振玉，是古代中国文化的专家，他收集了最多的甲骨，也首先发现了甲骨上的文字是在何时何地被刻下的，做出了突破性的贡献。他辨认出了数个商朝皇帝的名字，他还知道商朝的首都在哪里：大约在北京以南 300 英里的黄河河畔，名唤殷墟——“殷商之废墟”*。

此时，义和团运动正席卷中国大陆，朝廷内部一派混乱，

---

* “墟”指该地区内众多古代遗迹。

身为义和团支持者的罗振玉不得不频繁搬迁。直到1915年，他才设法来到殷墟，试图找到更多埋在地下的甲骨。幸运的是，他在旅途中写了日记，后人借此得知他曾去了哪里、看到了什么，以及他思考了什么。

74

1915年5月13日，罗振玉乘坐马车来到殷墟后，立刻向当地人询问哪里能找到那些动物的壳。百姓们给他指了一片大约40英亩的区域。他在其中四处寻找，捡拾了许多甲壳和一些骨头，其中不少上面都刻有文字。他还找到了一些骨制的箭头、象牙制的短剑和发簪、石制的刀和斧子，以及骨制的写字板。他还发现了一些动物的遗体，尤其是大象的长牙。然而最令他感兴趣的，是那些甲骨。骨头上面为什么会刻有文字，那些文字的意义又是什么？

*　*　*　*　*

殷墟遗址的发掘工作始于1928年，至今仍在继续。到目前为止，发掘面积已超过12平方英里，找到了建筑遗迹、无数的陪葬品、留着动物和人类遗体的祭坛，以及——尤为关键的——装满了甲骨的深坑。目前已找到约20万块碎片，其中约5万块上刻有文字。

遗址的历史的确可以追溯到商朝，即公元前十五至公元前十三世纪，这意味着写有文字的甲骨有三千年以上的历史，是已知最老的可大量书写的材料之一——很可能没有之一。文字使用中文写成，而幸运的是汉字的模样自那时起便没有明显变

75 化，于是它可以相当准确地被翻译出来*。

甲骨通常是乌龟壳或动物的骨头（绝大多数为公牛的肩胛骨），上面记载着一些问题，据信古人们通过占卜的方式回答这些问题。在占卜的仪式中，首先要在壳或骨头上写下欲占卜的问题，然后将写有问题的甲骨放入极高温中，直至其碎裂。问题的回答通过考察甲骨碎裂后的形状得出。仪式过后，那些骨壳就被安放到一个存贮坑里。

问题包罗万象：有的问是否该举行宗教仪式或祭祀，有的问梦境的含义，有的问未来战争和打猎的局面，还有的则是问国王出征的行程，或是孩童的降生。甲骨上还记录了自然事件，例如大雪或强风。当然也有一些甲骨上刻下了天文事件——比如日月食——的记录。

其中一条记录译作："三焰吞日，巨星显现。"许多人将其解释为一场日全食的记录。"三焰"应指日珥，即太阳大气向外喷射的巨大气流，它只在日全食期间看得见；"巨星"可能指一颗行星或是明亮的恒星，在阳光消失的片刻间清晰可见。根据太阳、月亮和其他行星的运动向前推算，可以算出在商朝的殷墟看到日全食、并在此期间看到一颗亮星的时间是公元前 1302 年 6 月 5 日，那颗亮星应该是水星。

人们从甲骨文上找到了 6 次日食和 7 次月食，共计 13 次记录。其中部分记录已帮助推定中国历史上一些关键的时间点。

---

* 得到记录的共有约 6000 个文字，其中有 2000 个可与现代汉字对应；余下的中大部分推测为专有名词。

为此，中国政府在 1996 年启动了夏商周断代工程，试图建立一个中国早期历史中夏、商、周三朝的可靠年代表。超过 200 名各行各业的专家参与了该工程，包括历史学家、语言学家、考古学家、天文学家等。推定甲骨文上所记载天文事件的日期自然也是该工程的一部分。

76

现已有夏、商、周三朝时在位皇帝的完整列表，但我们只知道每个皇帝在位的相对时长。为了得到确切的年份，就需要知道至少一个皇帝即位的绝对时间。最有望能够准确判定的，是周武王率千军和战车迎击商王帝辛并将其打败、从而终结了商朝的时间。

根据史料，战斗发生在公元前 1130 年到公元前 1018 年间，将时间范围限定在了 112 年。断代工程的科学家们获得了一些其他证据，包括使用碳 14 定年法判定一个周朝陶瓷碎片的年龄，将范围缩小到公元前 1050 年到公元前 1020 年的 30 年区间。随后，借助天文观测的记录（其中有一部分源自甲骨文），人们确定了周武王打败商王的准确日期：公元前 1046 年 1 月 20 日。这一天便是周朝的起始，它是中国历史上一个重大事件。现在，人们就可以据此给出各朝皇帝的绝对年代表了。

通过以上事例，我们可以了解历史年代表在当今社会中的作用，以及它如何依赖于古代的天文记录。中国断代工程遵循的程序，正是三个世纪前开普勒的年代最先涉足这一领域的人们给出的规范。

*　*　*　*　*

我们是如何知道尤利乌斯·恺撒（Julius Caesar）生于公元前 100 年 7 月 13 日，活了 56 年，死于公元前 44 年 3 月 15 日的呢？我们是如何知道孔子于公元前 479 年去世，佛陀则是在四年前的公元前 483 年与世长辞的呢？我们是如何知道第一届奥利匹克运动会举办于公元前 776 年的呢？这都是通过结合典籍中的年代表与精确的天文计算而得到的。日月食是非常与众不同的事件，人们往往会将其记录下来，它们也就成了计算的基础。

77

想法很直截了当，然而实际操作起来却是极为艰辛，甚至令人生厌。在古代，世界上不存在统一的历法。仅仅在希腊一国，人们就曾使用过多达 1000 种日历 *。（似乎不只是每个城镇拥有自己的历法，甚至每一座寺庙都有其独立的日历，用以确定各自举行特殊仪式或庆典的时间。）这么多日历，却没有一个统一的新年或新月之日。更糟的是，希腊的国历没有遵循任何一套固定的规则，正如阿里斯托芬（Aristophanes）在喜剧《云》（*The Clouds*）中描述的那般：因雅典人不能按时供奉神明，神明们发出了抱怨。

然而天无绝人之路。希腊人、罗马人和中国人都兢兢业业地记录了执政者的名字和他们在位的时长，还记录了发生的日月食事件。不仅如此，早期的基督徒作家尤西比厄斯

* 如今，世界各地共使用约 40 种不同的日历。

（Eusebius）将雅典和罗马的当权者，以及自亚伯拉罕时期到自己所在时期内亚述和以色列的早期统治者并排汇编为列表，这实属难得。

翻阅从公元前700年到公元1600年间的所有历史典籍，我们共找到约300个足够详细的日月食记录。有些记录很容易确定。例如，英国一份八世纪的记录上写着，月食时月亮移动到木星前。这类事件很不寻常（几百年才会发生一次），可以推算出它必定发生于公元755年11月23日。在中国古代，相当一部分记录书写在竹简上。其中一条写道："懿王元年，天再旦于郑。[①]"这里"天再旦"可能指日出后发生的日食。在地球上给定的一个地点看到如此事件的几率很小，我们几乎可以确信它与公元前899年4月21日从"郑"地（即今陕西渭南市）看到的日食吻合——这一天也必定是周朝第七代皇帝懿王登基之日。

78

开普勒是第一个利用他的行星椭圆轨道理论来确定历史事件发生时间的人。实际上，他在计算《鲁道夫星表》的时候，顺便也确定了基督诞生的日期。

在开普勒之前的1000多年前，受教皇约翰一世之命，罗马一个叫作狄奥尼西·伊希古斯（Dionysius Exiguus）的修士准备了一张复活节的历表。当时的习惯是使用罗马皇帝戴克里先（Diocletian）登基之日（284年）作为一年的起点。然而，狄奥

① 引自《古本竹书纪年辑证》，方诗铭、王修龄著，上海古籍出版社。——译者注

尼西决定不“在历史上留下大迫害者的名字”[①]，而是“从伟大的耶稣基督降生起计算年轮”。根据自己掌握的历史知识，狄奥尼西认定耶稣诞生之日在罗马建城的735年前。这个说法流传了300年，直到德国普吕姆一个叫雷吉诺（Regino of Prüm）的修士在写《圣经》人物的年代表时，发现基督的诞生日实际上要比狄奥尼西确定的时间早得多。但究竟早多少？这便是开普勒决定要回答的问题。

他知道《马太福音》中写到基督出生于希律王（King Herod）统治时期。他还从犹太学者弗莱维厄斯·约瑟夫斯（Flavius Josephus）写于公元一世纪的作品中得知，希律王死于一场月食后，逾越节[②]之前。经过计算，开普勒确定了希律王死前的月食发生在公元前4年3月13日。根据其他有关基督生平的资料证据（例如，他曾在哪里布道），开普勒断定基督必然出生于公元前4年或5年。许多人曾质疑他的结论，但无人能给出更好的回答。如今，绝大多数专家都认为开普勒的结论是可信的。

79

确定历史时期的通常做法首先由与开普勒同时代的一个人提出，这个人便是法国耶稣会会士学者狄奥尼修斯·佩塔维斯（Dionysius Petavius，又名德尼·佩托）。他精通希腊语和拉丁语，熟读历史，同时也是一位优秀的数学家、天文学家。这

① 公元303年，戴克里先与其他君主一同颁布一系列法令，废除基督教的合法权益，并要求他们遵守传统的古罗马宗教习俗，是罗马帝国对基督徒最严重的一次迫害，史称“戴克里先迫害”或“大迫害”。——译者注

② 为犹太人的一个宗教节日。——译者注

位博学多才的学者说，确定一个历史事件的时期需要三样东西：首先，要有可靠的资料来源或权威人士；其次，定年者需要进行准确而繁重的日月食时间计算；最后，在对比日月食事件表与可靠的消息资料后，须能将范围缩小到单次事件，并将该事件的时间与其他事件比较，以确定所有内容均吻合。通过确定历史上一次著名事件——伯罗奔尼撒战争爆发的年份，佩塔维斯展示了工作的流程。

为了保证资料的权威性，佩塔维斯选择了希腊将军、历史学家修昔底德（Thucydides）。修昔底德曾参加雅典与斯巴达人之间的战争，并写下了战争的详细记录。据佩塔维斯所知，在这本记录中，修昔底德共提及了三次日月食。

第一次是在战争开始前数月，据一位将军称，夏日中午过后出现了日食。将军还提到，在日食中可以看到星星，意味着这是一场日全食或接近于日全食。在那个时候经过希腊附近上空、并发生在夏日下午的日全食只有一场，发生在公元前 431 年 8 月 3 日。全食带覆盖了希腊东北方色雷斯地区的正北侧。修昔底德在色雷斯有一套房产，获授权在该地区经营一家金矿，所以他很有可能看到了这场日食。

80

他对第二场日食的描述很简短，只说它发生在战争开始后的第八个年头。这可能是指公元前 423 年或公元前 424 年。根据计算可知，在公元前 424 年 3 月 21 日，从希腊能看见一场日偏食。

月食在这三次天文事件中最令人感兴趣，因为它与战争中做出的一个决策紧密相关。

雅典军队把斯巴达人在西西里锡拉库萨（Syracuse）的殖民地包围了长达两年有余，久攻不下。于是，军队的指挥官尼西亚斯（Nicias）决定回到希腊，以抵御斯巴达人日后的扩张侵略。在出发前一天的夜里，天空中出现了月食，尼西亚斯便询问牧师该怎么办。牧师建议雅典人在月食过后等三个九天，即 27 天。尼西亚斯同意了。锡拉库萨的守军发起进攻，杀死了四万雅典士兵。修昔底德事后写道："这是这次战争中希腊人最大的一次军事行动，照我看来，是希腊历史中我们所知道的最大的一次军事行动——对于胜利者说来，是最光辉的一次胜利；对于战败者说来，是最悲惨的一次失败。[①]" 最终，雅典人被斯巴达人打败了。根据修昔底德提供的信息，佩塔维斯将月食发生的时间确定为公元前 413 年 8 月 27 日的晚上。

接着，佩塔维斯展示了他如何通过修昔底德的其他叙述来证实他所确定的希腊历史中其他关键事件发生的时间。例如，修昔底德提到希腊早期一个著名的人叫塞隆（Cylon），此人曾是一场奥运会的冠军得主。通过与由公元前三世纪的希腊哲学家厄拉多塞（Eratosthenes，又译埃拉托斯特尼）整理的历届奥运会冠军得主名单对比，佩塔维斯断定首届奥林匹克运动会举办于公元前 776 年。在其他希腊人著作中，他找到了支持该结论的说法。

81 虽然佩塔维斯和后来的年代学家们依照时间顺序线性地报

① 译文引自《伯罗奔尼撒战争史》，[古希腊]修昔底德著，谢德风译，商务印书馆。——译者注

告各自的发现，但实际上，他们制造出的是一张庞大的网络，将时间和事件一一相连。哪怕只是将网络上某个点轻轻拽动一丝，附近的一大片区域都将受到牵连。然而所谓的历史年代记就是如此。在现代，有一小批年代学者正筛选历史档案，以期找到一份莎草纸文献或是中世纪羊皮纸，其中包含能够让这个网络变得更牢固，或是使之一改原貌的关键要素。

若问起目前哪个历史事件对于确定现有时间线最重要，学者们会给出一致的回答：尼尼微（Nineveh）日食。

在古代亚述人生活的城市尼尼微、亚述和苏坦泰佩（Sultantepe）（位于今土耳其和伊拉克境内）发现的泥土板中，有 19 块与众不同。它们上面记载着一系列官员的名字，后面跟着他们的头衔，以及在任职期间做过的主要贡献。若某张泥板上的记录有中断，通常可在其他泥板上找到重叠的部分以补全。列表上共记录了 261 个名字。可这些人究竟是什么时候任职的？

大量研究工作揭示了这 19 块泥板——如今被称为亚述名祖真本（Assyrian Eponym Canon）——上的名字可能与同时统治了胡达（Judah）与以色列的君王们的名字对应。然而问题仍没有解决：他们是何时统治的？真本上第一个人到最后一人之间相隔了多少年？这个问题横亘在前进的道路上，直到其中一部分楔形文字（它们显然是重要的，因为条目上划有一道横跨整个泥板的线）被转写成现代的罗马字母："shamash antalu"。第一个单词"shamash"的含义很快得到了解读：它的意思是"太阳"。可"antalu"是什么意思呢？该词有多种含义（这在所有语言中都很常见），可以表示弯折、扭曲或走形；它还可以表示覆盖、遮挡。——这就是关键："shamash antalu" 所指的正是日食。

如前文所述，真本列表上的名字和事件可能与其他古籍——包括《圣经》——中的人物和故事相关。实际上，在82《希伯来圣经》中，至少有八处提及这场特殊的日食。《以赛亚书》第十三章第十节："天上的众星群宿都不发光，日头一出，就变黑暗；月亮也不放光。"《阿摩司书》第八章第九节："主耶和华说：到那日，我必使日头在午间落下，使地在白昼黑暗。"后一句尤其清楚，因为《阿摩司书》的开头便写道："……大地震前二年，……阿摩司得默示论以色列。"还有一些内容将这次日食与大地震联系在一起，如《约珥书》第二章第十节："牠们一来，地震天动，日月昏暗，星宿无光。"

考古发现证实，在希伯来先知的时期，加利利海附近的确发生过一场大地震，所罗门王位于耶路撒冷的宫殿遭到毁损，后被修复；古城夏琐、撒马利亚的墙壁崩塌。我们可以想象，在日食发生后仅两年便出现这样一场地震，会给中东居民留下极为深刻的印象，这也是两个事件均被记录下来的原因。至少有五位先知将这个巧合解释为上帝的怒火，以威胁受罪之人。但我们仍然需要知道，两个事件究竟发生于何时。

只要求助于日食与天文计算，答案便清楚明白。在数百年的时间范围里，只有一场日食与亚述名祖真本上的记载相吻合：它是一个日全食，于公元前 763 年 6 月 15 日经过了今以色列、叙利亚和伊拉克北部。这为确定亚述、胡达与古以色列国王的绝对年代表提供了牢固的参照点。现在，我们知道亚述国王统治的时间是公元前 911 年到公元前 612 年；整个列表也可以和马其顿、希腊、罗马的统治者们在位的时间表统合在一起，由此得到古代西方世界的精确年代表。

这一切工作（年代学家们已持续数百年直至今天）的惊人之处在于，如今我们可以拿起任何一本史书，看到一个历史事件，并确信地得知它发生的时间。我们不必再徘徊于古代废墟中而疑惑于它们的年龄，猜测亚历山大大帝究竟何时走过这条街道；如今，看着同一片废墟，我们可以知道古人活动的准确时间。

如果现在回过头来看十七世纪开普勒生活的那个年代，有人可能会认为现代年代学的诞生代表了日月食对这一时期历史的最主要影响。但事实并非如此：有一串日月食显著地影响了世界政治的进程。为此，我们需要重返中国土地。

* * * * *

中国有观测夜空的最古老记录，比甲骨文上的记录还要早数百年。它被收录于《尚书》中，后者中还记载了如何利用星星的模式确定季节。

和其他的文明一样，中国人也热心于观察天象，因为他们相信群星的运动与国家和统治者的命运密切相关。为了跟踪运动的轨迹，中国人建立了一套日历。

最早的中国日历可回溯到公元前十四世纪，由商朝的殷人编制，他们也制作了一部分甲骨文——这些骨头在义和团运动后期令众多人为之痴迷，也在数个世纪后帮助现代的中国学者重建了历史。日历由十二个月份组成，每月有 29 或 30 天，每隔数年会添加一个闰月，以保持与实际季节同步（现代的日历是每隔四年添加一个闰日）。中国人总共建立了百余套不同的日历，每一套日历内部都有许多细微的调整，主要是为了预测未来何时会发生异常的天文现象（例如日月食），以便提前准备特别的仪式。通过这种方式，历朝历代的统治者便可以彰显他们得天之命的身份和地位。

84

当开普勒进行他举世闻名的工作时，中国正值明朝，国内的日历已使用了近 300 年。在这 300 年间，日月运动的细微误差已累积到相当严重的地步，维护日历的人难以判定究竟该在何时加入一个闰月*。到了十六世纪末，危机终于发生，对日月食的预测偏差了数个小时。压垮骆驼的最后一根稻草于 1592 年到来，当时负责进行预测的钦天监①对一次月食的预测偏差了整整一天②。这是一个不幸的、也是惨重的失误。消息没有及时传达给当地群众，皇帝也未能在月食发生之前举行相应的仪式。巧合的是，就在几年前，第一个来自欧洲的耶稣会会士曾上奏

* 误差的主要来源之一是岁差，即地球自转轴相对于遥远恒星的缓慢回旋运动。太阳的引力吸引地球赤道部位的隆起，造成后者自转轴的偏移，类似于一个旋转的陀螺放在地上时轴顶部产生的回旋运动。

① 原文 Ministry of Rites（礼部），明朝始设钦天监，负责观测天文气象，并编制历书，清顺治元年起隶属礼部，但基本上沿袭了原来的结构与制度。——译者注

② 见《明史》卷三十一（历一）："万历……二十年五月甲戌夜月食，监官推算差一日。"[清]张廷玉等撰，中华书局，1980。——译者注

称有办法改进中国的历法。

耶稣会由圣依纳爵罗耀拉（Ignatius of Loyola）成立于1534年，并于1540年正式得到教皇的承认。会员需严格守纪，并进行特别宣誓以忠于教皇。他们还需热衷学术，博闻强识；其中不少人日后成为了杰出的数学家和天文学家。十六世纪晚期，一部分会员进入中国，随身携带了大量的书籍；在习得汉语后，便把那些书译成中文，其中包括欧几里得的《几何原本》。他们希望中国的君王能派一些人来帮忙：在寄给欧洲的信件中写道，他们认为这是让中国人民接受并顺应宗教的最有效手段。

85

他们花了很长时间才为中国社会所接受。十七世纪早期，中国政治形势陷入动荡。政府军与匪军经常交战，在位的明神宗万历帝不谙世事；各地政府横征暴敛，而日历的问题依旧。

终于，在1610年，在北京的耶稣会受托预测12月将发生的一场日偏食的开始时刻，钦天监的官员们也给出了自己的预测结果。后者虽然照当时的标准来看还算满意，但仍有30分钟的偏差。而耶稣会根据数天前对月亮的观测，以及球面三角学的应用（二者均未使用于中国的预测方法中），给出的预测结果更接近实际情况。1612年，双方对一场月偏食进行了第二次预测，结果仍然是耶稣会的更准确。

1629年，新帝崇祯登基一年后，双方进行了第三次预测。这次，耶稣会给出的结果依赖于一个叫作邓玉函（Johann Schreck）的德国会士。此人于1623年来到中国，并与开普勒有私交。

来到中国后不久，他便掌握了中国的情况，以及日月食的预测对政府的重要性，于是写信给开普勒寻求建议。1627年，他收到开普勒的回信，信中开普勒简略描述了如何借助月球的椭圆轨道提高预测的精度，还附上了一份刚出版不久的《鲁道夫星表》。

第三次预测于1629年6月21日进行，这一天将发生日偏食。邓玉函预测月亮的阴影开始覆盖日盘的时间比钦天监给出的预测早一个小时。崇祯帝下了一道诏书警告后者。“钦天监推算日食前后刻数俱不对，”其中写道，“如再错误，重治不饶。”为了保证不再出差错，他通知钦天监的官员，将指派邓玉函及其他耶稣会会士协助预测工作。

86

次年，邓玉函离世，耶稣会以汤若望（Johann Adam Schall）代替他。汤若望是佛兰芒人，曾协助邓玉函进行预测工作的计算。他与另外50余名中国数学家和天文学家一同工作，在接下来的十年里编纂了46本书，合计137卷，形成一部宏大的百科全书，题名为《崇祯历书》。这是西方的日心说[①]、即哥白尼的思想首次正式引入中国。接着，汤若望和他的中国同事们开始着手进行计算新历的工作。

新的日历于1644年制成，然而那时百姓对政府的反抗已愈发明显。明朝早期修建的长城在数百年来兢兢业业，成功抵御了来自北方蛮夷的入侵。然而这次，政府遭受的攻击并非来自外部，而是起于内部。

① 原文Earth-centered（地心说），为作者笔误。——译者注

经过了一年的浴血奋战后，起义军的首领李自成于 4 月 24 日几乎是兵不血刃地攻占了北京城。第二天，崇祯帝上吊自杀，明王朝就此落幕。

5 月 27 日，吴三桂率军与李自成决战山海关，李自成溃败。12 天后清军入关，清王朝由此开启，顺治皇帝也就成了中国的帝王。那时他六岁。

因顺治尚年幼，实际上掌权的是其叔多尔衮。他命令皇宫（包括故宫）附近的居民和商家搬迁至南边，以便满族士兵和家人们占据皇宫周边的住宅，组建一个庞大的武装守备部队。许多耶稣会会士也住在被占领的区域。汤若望给多尔衮写了一封奏折，为了保护教堂和天文仪器以及图书资料的安全，请求仍在原地居住；他还说了有关新的日历的事。信中写道：

87

> 于崇祯二年间，因旧历舛讹，奉前朝教修政历法，推测日月交食、五星躔度，悉合天行。著有历书表法一百四十余卷，测天仪器等件向进内廷，拟欲颁行。幸逢大清圣国俯念燕民遭贼荼毒，躬行天讨，伐罪吊民，万姓焚顶，没世难忘。乃天主上帝宠之四方，降以军师之任，救天下苍生于水火者也[①]。

清政府注意到汤若望和他的要求，以及得到一份新日历的可能性；但他们对欧洲人保持着警惕。于是，他们进行了第四

① 引自《西洋新法历书》第一册。——译者注

次测验，以考察耶稣会预测日月食的能力。9月1日，中国将看到一场日偏食，汤若望和耶稣会会士们受命预测开始的时刻。同时，清政府指派了明末太学生杨光先基于传统的中国历法独立预测。

杨光先的人生一波三折。他出生于中国南方的一个城镇，年轻时上京，初靠敲诈勒索为生。一次偶然的机会，他公开指责明朝官员腐败不称职。为了反抗权贵，他甚至准备了棺材，以示不惧怕遭捕处刑。官员们忍无可忍，把他抓了起来。杨光先被判服刑，但判决后不久，明朝灭亡，他便被释放了。至于他如何爬到了钦天监监正的位置不得而知，但在钦天监，他批判耶稣会，主张应把他们赶出中国。

日食的预测由汤若望和杨光先进行。在测试当天，汤若望又带来了一样新的东西。他制作了一个盒子，并在一面上戳了

88

个洞，以清楚地看到日偏食的开始和过程[*]。关键在于日食发生的时刻。杨光先偏差了一个多小时；而汤若望借助《鲁道夫星表》，只差了数分钟。

日食后，皇帝命钦天监“依西洋新法”编造一套新日历。他还任命汤若望为钦天监监正，同时将杨光先和他的支持者们赶出了朝廷。随后，杨光先被驱出北京。

过了一年，1645年11月19日，汤若望将一套新历书呈给

---

* 借助小孔成像观察日食的方法由来已久。在公元前四世纪，亚里士多德注意到阳光穿过筛子或树叶间隙时，会投出新月形的光斑。公元990年，阿拉伯天文学家伊本·海赛姆（Ibn al-Haytham）提到他在窗户的遮板上钻孔来观测日食。1485年，莱昂纳尔多·达·芬奇在米兰时，用一根针在纸上戳洞，以观察日偏食的过程。

皇帝。参加者均身着正式官服，所有男性（包括汤若望和其他耶稣会会士）都剃光前发，只在脑后系一条长辫。太和殿中央摆了一张大桌，上面盖着黄绸。汤若望将写有新历的书交给两名清政府官员，后者将其摆在桌上，以献皇帝，叩头三次后退下。接着，太监高声宣布："顺治二年，谨以此历献皇上。"在场除了皇帝以外的所有人一齐跪下，将额头紧贴石板路，叩头九次，起身，再跪下，如此反复三次。至此，仪式告终。

日历的细节，尤其是预测日月食的方法，是国家机密，只有皇帝、主要大臣和包括汤若望在内的少数钦天监官员可以浏览。实际上，其他任何人不得持有日历的部分或全部抄本，也不得拥有任何可能用于观测天象的仪器。若有违反，最轻的处罚是打一百大板，有时甚至会被判死刑。

在近 20 年里，钦天监由汤若望掌管。他还建议引进火炮，以及商业交易的计算。1661 年，顺治帝感染天花而病逝，享年 24，由他 7 岁的儿子康熙继位。于是，整个中国便被四个摄政王掌控。四人均反对耶稣会，令他们全部离开北京，汤若望和他身边的几名助手则因叛逆的嫌疑被逮捕受审，审讯长达七个月。

这时，杨光先被召回北京，以检举揭发汤若望。他控告耶稣会散布基督教义，挑战清政府的合法性。作为证据，杨光先指出耶稣会在中国修建的 30 所教堂均占据战略要点，且教堂内藏匿着秘密入境的外国人，企图颠覆政权。然后，他又说出了另一条更有力的控告。数年前，顺治帝收满人贵族女子董鄂氏为妾，后升至皇贵妃。董鄂氏生一子，孩子却于数月后不幸夭折。出于钦天监的职责，汤若望受命选择了下葬之日。两年后，董鄂氏病逝。杨光先称，皇贵妃死得突然，定是因她的孩子下葬之日不吉祥，这便是耶稣会损害清王朝的证据。

案件在礼部受审。礼部官员们同意杨光先的说法，于是案件移交刑部判决。最初的判决是将所有耶稣会会士（包括汤若望）处以绞刑，随后刑部的法官改判为凌迟。汤若望等人被绑成无法站立也无法坐下的姿势，在监狱里关押了两个月。这时，从比利时来了一个名为南怀仁（Ferdinand Verbiest）的新耶稣会会士，他本是来协助汤若望的工作，却不得不安慰即将受死的耶稣会众人。

然而命运无常。1665年4月15日，处刑前一天的晚上，北京发生了一场大地震。众多建筑化为废墟，其中包括关押着汤若望等人的监狱。皇帝视此为天意，释放了汤若望和其他耶稣会会士，却还是处死了剩下五名信奉基督教的中国助手。饱受牢狱之灾的汤若望变得十分虚弱，一年后便与世长辞了。

汤若望逝世后过了一年，年仅13岁的康熙帝掌权。他设计除掉了之前控制着朝廷的四名摄政王之一，又把剩下三人驱逐出廷。此时，南怀仁已接任中国耶稣会的会长，并教授皇帝数学。在与南怀仁的交往中，康熙逐渐认为耶稣会不会在政治或军事上对他构成威胁，也意识到自己需要钦天监帮他准确预测日月食。可眼下掌控着钦天监的是杨光先。该怎么办才好呢？皇帝决定让两人比试一下。

他通知南怀仁和杨光先，他们需解答三道题，以证明各自的预测能力。第一题是预测给定时刻下表的影长。表立于故宫里面一个硕大圭面的正中央[1]，时刻由皇帝指定。皇帝选择了1668年12月27日。南怀仁和杨光先各自给出了预测结果。康熙派了八名高官去察看结果，八人均报告南怀仁胜出。

第二题是预测给定日期的夜空中月亮和大角星[2]的视张角。皇帝选择了1669年2月18日。南怀仁再一次胜出。然而下一个才是最关键的题目。

日历预告1669年4月30日将会出现一场日偏食。康熙令两名天文学家预测月影开始侵蚀日面的时刻。两人各自给出结果。到了预告之日，众人一同观看。

杨光先预测日食会在正午之前开始，然而过了正午，日圆依旧。南怀仁预测日食将于午后一时开始。过了一个小时，太阳还是没有变化。又等了几分钟，黑色的月影出现在太阳的边缘，然后徐徐移过日面。南怀仁赢得了第三场、也是最后一场胜利。

得知杨光先罪行累累，康熙一开始宣判这个前任钦天监监正死刑，但后来改判为流放。杨光先离开北京，死于前往自己幼时故乡的路上。

凭借出色的成绩，南怀仁被任命为新的监正。此后，该职位一直由耶稣会会士担任，直到1773年梵蒂冈开始打压耶稣会。

之后的几年，皇帝与这名耶稣会天文学家成为了密友。

① 此处指圭表。圭表为古时的计时工具，由一根垂直地面的立柱和地面上的刻度盘组成，立柱称为表，刻度盘称为圭，根据表在圭上的投影位置判断时间。南怀仁在《欧洲天文学》一书中记载，这次观测的地点是北京观象台，现址为北京市建国门南侧。——译者注

② 即牧夫座 α 星。——译者注

1675年，康熙到访南怀仁家中，送给其一幅大纸，上书“敬天”二字。南怀仁将其复制多份并装裱，悬挂在中国境内所有基督教教堂内。1678年，南怀仁送给康熙一套日历，上面记录了未来2000年内会发生的所有日月食的时刻。日历名为《康熙永年历法》，象征清王朝永世不灭。十年后，南怀仁离世。康熙死于1722年，是中国历史上在位最长的君王，长达61年①。

这段不寻常的故事后面还有一段充满了冲突与幸存的情节。1912年，随着中华民国宣告成立，中国最后一个封建王朝覆灭。在300余年的历史里，它一直使用基于开普勒的《鲁道夫星表》所编织的日历，《鲁道夫星表》基于日心说的太阳系模型。然而，编造这份日历的耶稣会却从未承认哥白尼体系的核心：他们在梵蒂冈和教皇的命令下，只教授、编写第谷的地心说模型。

92

当汤若望与杨光先围绕皇帝出的三道题争执不下时，在欧洲，理解月亮轨迹和预测日月食的下一步重大进展即将出现。人们不再需要依靠月亮阴晴圆缺的规律了：有关月球运动的首个科学理论呼之欲出。

93

有请伊萨克·牛顿登场。

① 原文为52年，为作者笔误。——译者注

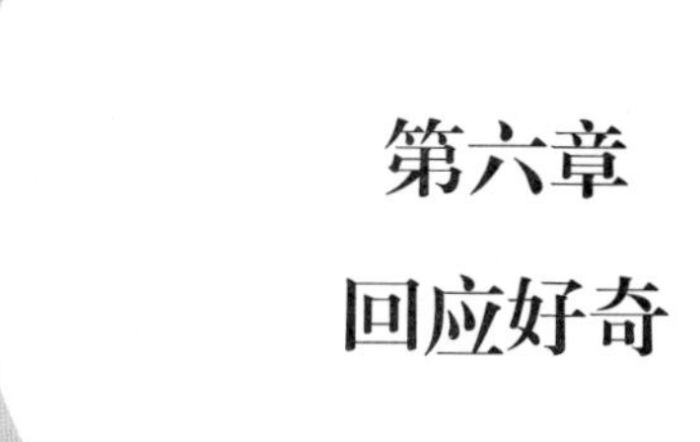

第六章 回应好奇

太阳的光辉有一瞬彻底消失。这一刻可以非常准确地计算出来。

——埃德蒙·哈雷评价 1715 年伦敦看到的一场日全食

关于伊萨克·牛顿的传记有很多，任何读过其中一本的人都会了解到许多有趣的轶事。下面是我最喜欢的一则故事。

牛顿因好猫而著名。曾经有客人来访牛顿家中，看到桌上摆着一大一小两个碟子，里面盛着牛奶。客人问牛顿为何要准备两份，牛顿回答说他养了两只猫，一只大猫和一只小猫。随后，客人又注意到门扉的下方开了两个洞，也是一大一小。客人又问那些洞是怎么回事，结果牛顿有些不耐烦地给出了同样的回答：他养了两只猫，一只大猫和一只小猫*。

牛顿的“奇迹年”是1666年，比南怀仁和杨光先在中国一决高下早了两年。实际上，这个“奇迹年”长达18个月，在此期间，牛顿做出了三项革命性的贡献。他发明了微积分，借助这个数学工具，我们可以把相对位置、速度和加速度联系在一起，形成后来的运动理论的核心。他将一束白光通过三棱镜，在墙上映出一条七彩的光谱，由此展示出物体的颜色是白光而非物体本身的性质，终结了一场持续数年的争论，并为现代光学理论的发展打下了基础。最后，他还提出了关于引力的理论：两个物体之间的引力与二者质量成正比，与二者距离的平方成反比——同样终结了另一场经久不息的争辩。

然而，牛顿是一位隐士，极少与人交流，朋友也屈指可数。他很少对外公布自己的发现，且避免与人讨论其中的意义。他的三个主要成就虽于1666年取得，却被本人隐匿了近20年，直到埃德蒙·哈雷首次造访剑桥三一学院，见到伊萨克·牛顿——那是在1684年。

96

当时，哈雷26岁，是格林威治皇家天文台（Royal

* 这个故事真实与否尚无定论。不过，在牛顿去世很久以后，当人们造访他曾经居住的公寓时，发现大门下方的确开着两个洞，大小分别刚好可容纳一只成年的猫和一只幼猫出入。

Observatory）的一名助手；牛顿 41 岁。哈雷刚刚发布了他在南大西洋的海伦娜岛观测南半球天空时发现的一批恒星。这次旅行长达两年，哈雷随身携带了数件简单的科学仪器，其中包括一个气压计，用于验证海拔高度与大气压之间存在一定关系。

哈雷回到伦敦后，便与城市中许多最杰出聪慧的人建立了紧密的联系。在见到牛顿之前，他曾就某种无形而神秘的、让行星保持围绕太阳运动的力量，与英国建筑师克里斯托弗·雷恩（Christopher Wren）和自然博物学家罗伯特·胡克（Robert Hooke）私下里交换了意见。三人一致认为，若的确存在这样一种力，其大小必定随行星到太阳距离的平方衰减。他们知道牛顿也强烈支持自然界存在这样一种力的说法，于是很好奇后者是如何认为的。雷恩与胡克均与牛顿交情不深，哈雷便自告奋勇，前去拜访这名生性乖戾的教授。

哈雷没有事先通知自己的到来，然而牛顿对他有所耳闻，于是请他进来了。寒暄过后，哈雷问牛顿，如果太阳对一颗行星的吸引力与二者距离的平方成反比，这个行星的运动轨迹会是什么样？牛顿当即回答："是一个椭圆。"

"您怎么知道的？"哈雷问。

"因为我算出来了。"牛顿答。他在手边翻找，试图找到进行计算的纸张，却没能找到。他答应会重新整理一份计算过程，并寄给哈雷。

三个月后，哈雷收到了超乎预期的邮件。牛顿发来的是长达九页的论文，题目为《论物体运动的轨道》（*On the Motion of Bodies in an Orbit*）。论文中详尽地证明了由平方反比律如何可

97 以得出椭圆轨道，而且不止如此。

牛顿还证明了，通过平方反比律和角动量守恒可以自然地推导出开普勒提出的行星运动速度沿轨道变化的结论。他还证明了开普勒的另一个结论：行星轨道半径与公转周期与太阳的质量有关。

哈雷重新找到牛顿，说服他写一篇完整的论著，详细叙述他做的所有关于符合平方反比律的力（现称引力）如何驱动物体运动的工作。其结果便是1687年出版的《自然哲学的数学原理》。这是一个里程碑式的著作，受到了科学家和数学家，乃至哲学家和历史学家的高度评价。它采用更加机械化的视角看待我们身处的世界，冲击性地改变了人们对于自然的认识，是人类历史上最有影响力的著作之一。

牛顿在《自然哲学的数学原理》中叙述了微积分的基本原理和方法，并展示了如何通过符合平方反比律的力——即引力理论——推导出开普勒有关行星运动的定律。不久前，人们使用早期望远镜，发现了木星和土星也具有自己的卫星。书中给出了同样的理论如何用于预测那些卫星的运动。它正确地解释了潮汐现象，并预测地球由于自转会导致赤道部分略微隆起。但其中唯独没有描述月亮运动的理论。

牛顿很清楚他的引力理论可以解释月亮在天空中的轨迹。他还知道月亮的运动轨迹比其他任何天体都更加复杂，因为它距离地球很近，更因为太阳——虽然相距遥远——也对它的运动有着影响。他和哈雷都明白，对月亮运动的准确描述不仅仅具有学术价值：若能成功，船员可据此确定船所在的经度，从而更加安全有效地领航。

牛顿奋战数年，在 1702 年公布了结果:《月球运动的理论》（*A Theory of the Moon's Motion*）。在书中，他描述了太阳的引力如何影响月球偏离椭圆轨道，从而导致月球交点沿椭圆运动，以及月球公转轨道倾角发生变化。他还解释了天文学家称为摄动（variation）和出差（evection）的现象，即月球运动轨迹的微小变化。哈雷接过了牛顿的旗帜，开始计算新的月行表（lunar table）。不仅如此，他还做了点别的事情：他计算发现，月球在地面上的投影将于不久后的日食中掠过英格兰——这是历史上首次使用引力理论而非日月运行周期来预测的日食。 98

*　*　*　*　*

对 1715 年日食的预测很快演变成狂乱。有人认为大灾将至。查尔斯·利德贝特（Charles Leadbetter）自诩为巡视、导航和“粗劣的十进制计算”的导师，他给出的预言最为惊悚。他视即将到来的日食为“希望的破灭”和“友谊的丧失”，还称“玉米和水果”将供不应求。空气会变得“不卫生”，天气则将是“浑浊而雾蒙蒙的”。“伟大的牛将死去，老者也会相继过世”。

有的人则是从中窥到了生财之道。曾隶属于三一学院的威廉·惠斯顿（William Whiston）发明了一个名为“哥白尼”的装置，称其为“一种万能的天文仪器，可轻松地计算并演示日月食和所有天象”。该装置由十个层层嵌套的金属环组成，每个环都可以独立地转动，并用小针固定在各自的位置。惠斯顿在考文特花园（Covent Garden）附近的威尔咖啡馆出售他的制品，并指导购买者如何使用；当威尔咖啡馆过气之后，他便转到街道另一头的巴顿咖啡馆。据传，亚历山大教皇也买了一套，

99 在日记里写着惠斯顿向他教授“日月食的革命”。

哈雷绘制了一份详细的地图，标注了月球的椭圆形投影会首先落在英格兰的中腹，后离开进入大西洋，向北海移动。他担心即将到来的日食会给公众带来负面的效应，于是在印刷地图的铜板上加印了一段评论，显示在地图下方：

> 大不列颠南方久年未见的日食即将到来，天空会突然变得漆黑，繁星也清晰可见。我认为告诉大众这一切不足为奇是适当且必要的。若非如此，人们将很容易视其为噩兆，并解释为对伟大君主乔治王及其政府的灾厄预告。

在描述中，哈雷一并给出了预测。从位于投影带最南端的伦敦看，日食的中央时刻将出现在上午9点13分。他还“请求所有对此抱有好奇心的人尽可能仔细地观察，尤其注意黑暗持续的时间”，对后者的测量“仅需一个家家都有的摆钟”。

作为英国皇家学会（Royal Society）的一名成员，哈雷受命在科学院总部（位于考特邸宅）的楼顶组织观测日食。到场的有学会成员及其他受邀嘉宾，包括来自欧洲大陆的“几名外国绅士”。

为进行观测，哈雷准备了一个半径近30英寸的四分仪，

“把它与望远镜的目镜完美地结合在一起，借助螺钉移动，以准确跟踪太阳”。他还准备了一台“调校精准”的摆钟。日食当天早上，他将四分仪对准太阳，然后把双眼贴到望远镜的目镜上，片刻不离。8点6分，他“看到了太阳西侧边缘开始微微发暗”，这也是看到月影的最初报告。暗影很快变得明显。9点钟，天空已经从浅蓝色变为暗紫色。又过了9分钟，太阳便彻底不见了。 100

“在日全食的过程中，”哈雷写道：

> 我把望远镜始终对准月亮，以观察在这不同寻常的现象中会发生什么。我发现，从月亮后面持续不断地朝各个方向喷射出亮光或闪光，一会儿冲这里，一会儿又冲那里。

当太阳重新露面时，它“瞬间便光芒四溢，令观者惊叹不已；转眼间，阳光便普照大地”。

在盯着望远镜时，哈雷也没有忘记时刻留意校准过的摆钟。他看到食既出现于9分零3秒，而生光出现于12分26秒。也就是说，食甚出现在10分44秒，比哈雷的预测早了仅仅2分钟。

他收集了分散在英格兰各地的观察者关于食甚的观测和持续时间的报告，并据此绘制了另一张地图，上面标示出月亮的投影究竟覆盖了英格兰的哪些区域。他将此图与自己早先绘制的预测图进行比较。哈雷预测投影带的宽度为160英里，而实际上为183英里：南边界比预测向南多了20英里，而北边界只比预测向北多了3英里。 101

不论怎样看，这都是一个了不起的成就。哈雷首次预测月亮投影带的宽度，并得到了确证。而且，这也是首次使用新的理论进行的预测：该理论认为，存在一种神秘的力量——引力，它弥漫在空间，影响万事万物。不仅如此，这次预测还基于一个崭新但尚未被广泛接受的数学工具——微积分。即使是仅早了一代的开普勒，在《鲁道夫星表》序言的结尾处，也表示月亮的一些运动看上去似乎源于偶然。许多人将那些微妙的偶然运动视为上帝仍在调整着宇宙的证据，然而引力理论及《自然哲学的数学原理》中建立的逻辑基础最终驱走了这个观念。

哈雷继续将这一崭新的数学理论应用于其他自然现象中。他最著名的工作完成于1715年的日食之前。哈雷意识到，1456年、1531年、1607年和1682年出现的彗星有着相似的椭圆轨道。据此，他推断它们可能是同一颗彗星，并做出预测：它会在1758年再次出现。很可惜，哈雷没法活到那个时候，但他对自己的预测相当自信。

其他人则对此嗤之以鼻。和开普勒一样，他们认为，有些事情是随机出现的，从而限制了日食或彗星出现时间的预测精度。这些人的代表之一便是爱尔兰的讽刺作家乔纳森·斯威夫特（Jonathan Swift）。

在《格列佛游记》（此书出版于哈雷做出彗星回归预测的次年）的第三部分中，格列佛来到了只有数学家居住的天上王国拉普他（Laputa）。数学家们认为，根据他们的理论，可以从黄瓜中获得阳光，并从房顶开始向下建造房屋。故事中有一个角色总是盯着天空，通过数学计算预测出一颗彗星返回时将摧毁

拉普他和地球上其他地方。 102

斯威夫特在《格列佛游记》中显然是在嘲笑依赖于计算的人。他把后者们的工作喻为一群用天文仪器丈量顾客身躯的愚蠢裁缝做出的衣裳。裁缝用四分仪测量客人的身高，用圆规刻画客人的身躯；做出来的衣裳"因不小心算错了一个数字而形状丑陋，令人作呕"。看到这个世界难以忍受，格列佛离开了。

斯威夫特和哈雷两人世界观之间的矛盾显然难以调和。实际上，在两人逝世十余年后，人们才对牛顿的引力理论进行了首次检验——通过详细计算哈雷彗星何时返回到近日点。

绝大多数的计算工作均由妮科尔－雷内·勒波特（Nicole-Reine Lepaute）在数学家、天文学家亚历克西斯·克劳德·克莱洛（Alexis Claude Clairaut）的指导下，于前者在巴黎的公寓内完成。勒波特从 1757 年 6 月开始工作。同年 11 月 14 日，克莱洛在巴黎的法国科学院（Académie des sciences）发表了计算结果。他预测，彗星将于次年 3 月 15 日到 5 月 15 日间的某一时刻抵达近日点。在 1757 年的圣诞节，人们首次看到了彗星的回归，并在 3 月 13 日掠过近日点——仅比预测早了两天。

* * * * *

尽管牛顿的引力理论应用于预测彗星的返回并取得了成功，但直到克莱洛发表预测前的数十年间，与牛顿同时代的一些人仍认为引入一个影响万物的神秘之力是一种退步，并使用上帝替代之。

自然，哈雷从未放弃对牛顿理论的支持。法国哲学家伏尔泰（Voltaire）对此极为热心，并编造出牛顿看到苹果从树上掉落后受到启发的故事。在同一时刻，荷兰数学家克里斯蒂安·惠更斯（Christiaan Huygens）看到居然有一个理论要依靠均等地作用在宇宙万物上的力，感到极为震惊。类似地，戈特弗里德·莱布尼茨（Gottfried Leibniz）——与牛顿争夺微积分发明权的数学家——也指责牛顿竟敢抛弃万物的起因，而用无尽循环的谜团代替。简而言之，惠更斯和莱布尼茨都认为牛顿的引力理论不啻迷信。

103

他们的说法不无道理。除了进行光学实验、发明微积分和发展引力理论以外，牛顿还做过炼金的实验，并探究宗教和神学。他宣称在《圣经启示录》和所罗门神殿（Solomon's temple）的尺寸中存在隐藏的信息，并于1713年在自己工作的简要补编中提到，遍及万物的微妙精神正是引力的产物。

然而他的理论是成功的。当被问及其中缘由时，牛顿给出了简洁又暧昧的回答："知道引力存在，这就够了。"

而哈雷则意识到牛顿的理论具有实际的应用价值，可以解决一个重大的问题。

* * * * *

在牛顿提出月球理论的五年后，1707年秋，克劳兹利·肖维尔勋爵（Sir Cloudesley Shovell）指挥一支由21艘船组成的英国舰队，在地中海与法国舰队相遇后，正在返回英国的路上。航海图上显示沿途将遭遇一系列恶劣天气和大风。11 月 2 日晚，舰队的领航员告知肖维尔，舰队现位于法国最西端的阿申特岛（Ushant）西侧的安全水域，不列颠群岛在正北方的远处，西边是广阔的大西洋——至少他们是这样认为的。但他们犯了错。当舰队向西航行时，它们实际上却在逐渐接近锡利群岛（Scilly Islands）。 104

数艘船一头撞上了岛礁，其中有四艘损毁严重，无法起航。死亡人数不明，但估计有 1000 人以上。明明距离终点很近了，舰队却遭受如此损失，伤亡如此之多，这引起了众人的关注。尽管事故的原因是纬度计算上的错误而非经度，但英国海军总部（British Admiralty）的人们还是要求政府支持改进导航。1714 年，英国国会通过了《经度法案》(Longitude Act)。

该法案批准成立了经度委员会（Board of Longitude），向任何能够改进海上经度测定方法的人提供奖励。慕名者提交的方案大致可以分为两种策略。一种是通过制造或改良以得到更耐用的机械钟，在恶劣的海况下仍能准确报时。其中的代表人物为约翰·哈里森（John Harrison），他为经度委员会设计并制造了四台钟，或称精密记时仪（chronometer）。其中最重要的一台名为 H4，他本人称其为“航海钟”，直径约五英寸，通过拧紧弹簧提供动力。它是后来出现的怀表的前身，也是更晚些问世的腕表的祖先。另一种策略则依靠叫作“月亮距离法”的技术，然而这个名字起得实在是有些文不对题。

月亮距离法的核心是测量月亮和另一天体（通常为亮星）的视张角。由于月亮相对于星幕移动，若手中有一份月亮位置的表格，那么只要在表格中查找测得角度对应的地方时，就可以得知自己所在位置的经度。

这个方法听起来不难，但做起来却相当不易，因为它需要人们准确掌握月亮的运动。根据《经度法案》，若想获得奖金，经度测量的误差不得大于1°。在地球表面的赤道位置，这相当于70英里的距离；在伦敦所处的纬度，则相当于约45英里的距离。若想使用月亮距离法达到此要求，对月亮位置的预测就必须比法案规定的误差还要精确30倍，相当于天空中0.03°的距离。据哈雷所知，牛顿于1702年提出的理论只能达到0.15°的精度。人们亟需一次新的突破*。

105

直到1742年，哈雷去世十年后，新的突破才出现了。这并不是说在这段时间里问题毫无进展，当时最杰出的一批数学家都在试图改进牛顿的理论。其中便有莱昂哈德·欧拉（Leonhard Euler），他在1735年右眼失明，却认为这场灾难让他可以更集中于数学了**。他向原理论添加了如今我们熟知的三角函数（正弦、余弦等）方法。在法国，克莱洛（主持了哈雷彗星回归时间计算的数学家）和让·勒龙·达朗贝尔（Jean le Rond d'Alembert）两人互为对手。一开始，他们都质疑牛顿的

---

* 我们可以来比较一下。月面直径的视张角为0.5°，相当于把手臂平举时拇指宽度的一半。为什么说对月亮位置的预测误差要小于0.03°，比经度的1°要小30倍呢？因为月亮绕地球转一圈用的时间（约30天）是地球自转一圈所用时间（1天）的30倍。这意味着，当地球转动1°时，月亮在天幕上只移动了前者的1/30，也就是0.03°。仔细体会一下。

** 17年后，欧拉又失去了左眼。尽管完全失明，他仍然继续改进月球运动的数学理论。

工作，但在看到引力的平方反比律是正确的之后，便不顾那些针对神秘力量的批判，开始比试谁先从椭圆轨道算出月亮运动的微小偏离。然而，下一次的突破并非源于数学家或天文学家，而是出自德国一位制图工人之手。

托比亚斯·迈耶（Tobias Mayer）1723 年出生于德国斯图加特附近。九岁时，他的父亲去世了，母亲无力独自抚养众多子女，便把最小的几个孩子（包括托比亚斯在内）送到了别人家寄养。在其中一户人家里，迈耶与一位鞋匠相识。鞋匠的兴趣比他的职业广泛得多，而且尤其热爱数学。他有足够的钱买来相关书籍，却无暇阅读。于是，年幼的迈耶接下了读书的任务，并与鞋匠讨论书中的内容。

106

长大后，迈耶在一家制图店找到了复印地图的工作。他很快便对如何整合地理信息以绘制地图一事产生了兴趣。这时，他自学的数学知识派上了用场。当得知从詹姆斯和盖利布兰德跨越大西洋测量了英格兰到哈得孙湾的距离后的数百年来，人们只进行过约一百次测量后，他感到十分惊讶。测量如此之少的原因，是没有足够准确的关于月球运动的理论。

迈耶学习了牛顿和其他人，尤其是欧拉的理论。他制作了自己的望远镜，以记录月亮从星星前方穿过的精确时刻，得到了移动轨迹最准确的测量结果。他将结果带入现有的月亮运动模型中，于 1753 年制成了自己的月历表，并提交给经度委员会。委员会的成员大吃一惊，因为迈耶的月历表比现有的任何一份都要好；他们进行了必要的测试，发现它的误差的确小于 0.03°。迈耶得到了委员会颁发的奖金。

迈耶的工作成为了《航海年历》(*Nautical Almanac*)中月历表的基础。该年历从1767年起，每年发行一版，在英国船队的任何一艘船上都能找到它的身影。船长詹姆斯·库克(James Cook)在1768年第一次从英国出发前往太平洋时，便带了一本初版。迈耶的月历表对库克及其他旅行者们而言极具价值，有了这份月历表，他们就可以在世界的任何地点确定自己的经度了。

* * * * *

1715年的日食和哈雷的数学预测与地图卷起的热潮过去了50年，在这期间，人们对日食的看法逐渐从曾经的神秘、害怕与恐惧发生了转变。与哈雷一同宣讲1715年日食并售卖装置"哥白尼"帮助人们理解的惠斯顿后来说"卖那个仪器赚的钱"足以支持他的家庭一年的生活。1724年，另一场日全食在日落时分出现，整个欧洲有机会一睹其貌。哈雷和惠斯顿都出版了这次事件的地图，进一步推动了公众对日食的兴趣。

107

如今，人们对日月食翘首以盼。1737年，日环食经过苏格兰和挪威、瑞典的南方，沿途国家城镇上的居民齐心协力观看并记录他们看到的一切。11年后，日环食再次经过苏格兰上空，只不过这次投影带向南偏移至丹麦、德国南部和波兰。1753年，狭长的全日食本影带穿过了葡萄牙北部和西班牙中部。1764年，葡萄牙、西班牙、法国、比利时、荷兰、德国、丹麦、挪威、瑞典和芬兰的居民都看到了日环食期间太阳露出的狭窄环带。从英国的伊普斯威奇（Ipswich）和坎特伯雷（Canterbury）看去，月亮刚好经过太阳正前方，但在西边的伦敦则无此幸，温莎大公园（Windsor Great Park）内养育纯种赛马的马厩也没有。日食当天（4月1日），养殖场内刚好诞生了一匹小马驹，它的名字便起为伊克利普斯（Eclipse，英文“日食”之意）。伊克利普斯参加了18场比赛，场场夺冠。退休后，伊克利普斯成为一匹种马，如今超过90%的纯种赛马都是它的后代*。

观看日食的热潮也波及大西洋彼岸的美洲殖民地。1684年，哈佛大学的校长英克里斯·马瑟（Increase Mather）将学位颁授典礼推迟了十天，以便教职工、学生和其他感兴趣的人有时间去马撒葡萄园岛（Martha's Vineyard）观看日全食。　108

数十年前的1643年，本杰明·富兰克林（Benjamin Franklin）根据月食发生的时间，得出了有关飓风的著名结论。那是10月21日的晚上，他从年历上得知大约8点半时会发生月食。不幸的是，当晚一阵飓风席卷费城，使城市被乌云笼罩了数天。“但我很惊讶，”他后来写信给朋友时提到，“我在一份波士顿的报纸上看到了有关月食的报道。”这怎么可能呢？费城吹的是东北风，难道说那不是风暴来的方向吗？富兰克林在沿海地区打探，发现自从月食发生开始，风暴便向东北移动，而风吹的

* 与大多数人的认知相反，三菱公司于1989年推出的伊克利普斯汽车便是得名于这匹赛马，而非自然现象。

方向则形成逆时针的涡旋。这是人们首次推断飓风的性质*。

1684年后，下一个经过殖民地北半区的日食发生在1778年，正值美国独立战争时期。戴维·里滕豪斯（David Rittenhouse）是当时宾夕法尼亚州的财务主管，也是一位著名的天文学家。在英国军队疏散费城的八天前，他试图观看日食。然而阻挠他的不是英军，而是乌云。托马斯·杰斐逊（Thomas Jefferson）希望能借助日食确定蒙蒂塞洛（Monticello）的经度，但因为乌云的遮挡，他无法进行任何测量。舰队司令安东尼奥·德乌略亚（Antonio de Ulloa）是看到这场日食的少数几个人之一，那时他正在亚速尔群岛（Azores）和葡萄牙之间的海域航行，得以毫无阻拦地看了四分钟的日全食，只不过船身的晃动使得架起望远镜迟了一些，未能看到日食的全过程。

109

下一个机会出现在1780年10月27日，仍然在独立战争期间。早些时候被任命为哈佛大学数学教授的塞缪尔·威廉斯（Samuel Williams）使用迈耶的月历表，计算出日全食将经过加拿大，并从北美的佩诺布斯科特湾（Penobscot Bay）离开——当时佩诺布斯科特湾仍然处于英国军队的控制下。

威廉斯写信给马萨诸塞州众议院的发言人约翰·汉考克，询问能否通融一下，让他安全通过军事区域以观看日食。汉考克照做了，给位于佩诺布斯科特湾的英军指挥官发送了一条私

* 对月食的另一次不寻常的利用出现在1927年6月27日，加利福尼亚州威尔逊山天文台（Mount Wilson Observatory）的爱迪生·佩蒂特（Edison Pettit）和塞思·尼科尔森（Seth Nicholson）测量了当月球进入地球的暗影区时月面冷却的速度。根据测量结果，他们推测月球表面必定覆盖着一层尘土。数十年后，首个人造飞船在月球上着陆，证实了二人的结论。

人消息。“长官，据说将有一场十分罕见的日食……出现在你控制的佩诺布斯科特英军驻地内或附近。”汉考克请求指挥官证明自己“热爱科学”，保证威廉斯与其他几人乘船安全通过，并搭建观测站。“尽管我们在政治上互相敌对，”汉考克写道，“但在科学面前，我们或许不应反对任何文明人士联合或独立地促进它得到发展。”

指挥官同意了请求，但也设立了条件：威廉斯和任何与他同行的人只能在佩诺布斯科特逗留五天。

威廉斯和另外七人乘坐单桅纵帆船“林肯号”出发，并来到了佩诺布斯科特湾西岸四英里处的艾尔斯伯勒（Islesboro）岛。艾尔斯伯勒的面积与曼哈顿相当，只不过形状上更为狭长。威廉斯等人在岛的中心附近搭起帐篷。在日食当天，他们满怀期待地看着月亮逐渐移过来盖住日面，直到天空中只剩下月牙形的日光，再到一丝银色的边缘。威廉斯一定认为自己距离看到日全食只剩下数秒，然而接下来的情况却出乎了他的意料：银色的边缘并没有消失，而是逐渐变宽，再度形成月牙，直至月亮完全从太阳面前移开。究竟哪里出错了？

110 威廉斯当时使用的地图一直保留至今，然而现代的学者检查过地图，却并没有发现任何问题。或许是迈耶的月历表出错了。于是人们使用同样的月历表重新计算了1778年日食的细节，可仍然没有发现问题，月历表是准确的。那么结论就只剩一个：威廉斯在进行计算时出现了失误。

在进行了长达数月的筹划和准备，又非常幸运地遇到了一个好天气时，观看日食的人最不希望的就是发现预测有误。但很遗憾，这正是威廉斯在 1778 年的遭遇。

不过，我们也要为他说句公道话。哪怕是借助牛顿和哈雷的新方法，日月食的计算仍然是一项冗长而繁重的工作，常常需要花费数个小时才能完成一次计算。人们需要一个更简单、需要更少计算的，从而更不易出错的方法。

* * * * *

假设你有两个烤盘用来烤玉米面包，一个是方的，另一个是圆的。你要迎接 16 位客人，每人都希望得到一块大小均等的面包。你该如何切面包，才能保证人人均等？

如果是用方的烤盘，这很简单。先沿着平行于一边的方向，间隔均匀地切三刀；然后再把烤盘旋转一刻钟（即 90°），间隔均匀地再切三刀。你便会得到 16 块大小一致的玉米面包。可如果是用圆的烤盘，又该怎么办呢？

首先沿任一直径切一刀，旋转 90° 后再沿直径切一刀。这时，如果按照和切方烤盘的面包时一样的方法切，会怎么样？若按照同样的方法——切的每一刀都平行或垂直于之前的切线——问题会很复杂，但并非办不到，每一块面包的量仍然可以是均等的，只不过由于烤盘的边缘为圆弧形，面包的样子会看上去比较奇怪。另一个简单的方法是继续沿对角线以等角间距切[①]，这样就可以得到 16 块大小相同的饼块状玉米面包了。这个例子告诉我们，如果能充分利用一些特殊的几何形状（此例中是弯曲的边缘），事情会变得简单许多。

从本质上讲，弗里德里希·威廉·贝塞尔（Friedrich Wilhelm Bessel）在计算日月食的时候也使用了相同的思路。

自早期的数学家以来，包括迈耶、哈雷和开普勒，日食的计算便是在求解太阳和月亮在天空中的追赶问题，看它们何时在何地相遇。贝塞尔改变了策略。他不再追逐日月的脚步，而是思考：月亮的影子会在什么时候碰到地球？当它遮挡时，在地球弯曲的表面上会留下怎样的形状？

实际上，贝塞尔的方法用到了球面几何。它很复杂，但请相信，在计算日食的时候，这个方法比独立计算每一次日食并进行测量要简单得多。用贝塞尔的计算方法，出错的机会少了许多，不会出现塞缪尔·威廉斯使用哈雷的步骤犯下的明显错误。

贝塞尔的方法至今仍在使用。对于一场给定的日食，我们可以计算八个参量，它们被称为贝塞尔基数（Besselian elements）。如今，我们可以按小时间隔列出这些基数，并根据每一组参数，在地图上绘制出全食带和偏食带，还可以得知日食会出现在日出还是日落时分，等等。

贝塞尔于 1824 年给出了他的新方法。这下，整个舞台便准备就绪了。根据迈耶的月历表和其他相关知识，我们可以将日

---

① 原文“make two more cuts along diagonals”（沿对角线再切两刀）。照原文叙述方法，只能得到八块面包，而非十六块。此处作者想要阐明，对于圆形的面包，仅沿互相垂直的方向切割，难以得到十六块大小均等的面包。——译者注

月食的预测时间精确到分钟，将全食带的位置精确到数英里以内。现在，人们甚至可以提前为数年后的日食做准备，以便届时站到月影下面。

而当这些人雄心勃勃地踏上征途——有时甚至会跑到天涯海角——时，头脑中必然会闪过同一个疑问：我将会看到怎样一番景象呢？

112

第七章
丽岛庄园的日环

我如何解释这黑暗？它从天而降，出现得那么突然。

——弗吉尼亚·吴尔夫（Virginia Woolf），
于 1927 年的一场日食

在十九世纪的最初十年里，伦敦股票交易所中最受关注、最获成功的人之一是名为弗朗西斯·贝利（Francis Baily）的年金债券销售员。他写了许多相关的手册，向潜在的客户解释年金债券是怎么一回事，该如何对它进行投资。他和他的客户们都赚了很多钱。若不是被一场巨大的骗局动摇了心中对他人诚实品格的信赖，贝利或许会一直把这个生意做下去。

1814年，一名英国职工从欧洲大陆带回了消息：拿破仑被自己手下军队的人打败并杀害了。伦敦股票市场应声上涨，而那些制造了这个虚假消息——后来人们得知，拿破仑其实还活着，仍在与英军对峙——的人，则赶在其他人发现真相之前卖出了手中持有的基金。贝利独立地对此事进行了秘密调查，并发现了那些与骗局有关联的人们。实际上，他收集到的对被告不利的证据实在太多，检方律师甚至公开表示法庭上从来没有出现过比这更完整详尽的证据。判决结果很快出来了，然而贝利心中的美好憧憬已然破灭。于是，他带着自己合法积聚的可观财产离开了伦敦，来到附近的乡下定居，开始进行他痴迷已久的研究——天文学。在这一领域内，他的目光很快便锁定在了日月食上。

和前人一样，他通过计算过往日月食发生的日期来确定历史事件发生的时间。他还计算了未来何时月亮会遮挡某一颗亮星，并据此得到了一个长而翔实的表格。他将表格送至英国外交部，外交部又将表格分发至海外的站点，以更加精确地测量经度。贝利还计算了日食的轨迹。当他发现1836年的日食将从身边经过时，想必是激动万分：他可以从苏格兰看到日食了。

贝利画了一张图，借助如今在《航海年历》上发布的贝塞尔基数，算出这场日食的本影区将从苏格兰西海岸的艾尔（Ayr）一直延伸至东海岸的阿尼克（Alnwick）。他在地图上用直线连接两地点，发现这条线穿过了一个叫作梅克斯顿（Makerston）的地区附近。贝利碰巧知道那儿有一座设备齐全

114

的私人天文台，足够他安置携带的四个口袋精密记时仪。而梅克斯顿以南约八英里则是苏格兰最优秀的科学仪器设计者詹姆斯·维奇（James Veitch）的家。他住在庄园里，这个庄园有一个古色古香的名字：丽岛（Inch Bonney）。

“丽岛”是由苏格兰低地语“漂亮的”（bonnie）与苏格兰盖尔语“岛屿”（inns，英语中常写作 inch）混合而成的词。维奇日后在科学界变得臭名昭著，但在那之前，他因设计犁而闻名。他制造的犁更轻、更廉价，同时具有更高的通风效率。然而，维奇真正的兴趣在于设计并制造精密的科学仪器，例如气压计、钟表、显微镜和望远镜等。他还给邻居们装上了自制的玻璃景观，并对早期的电子器械不屑一顾。他经常和妻子一同凝望星空，并指给路人看曙光中的金星。

贝利来到丽岛庄园，很快便与维奇熟络起来。两人在维奇的家门口架设了贝利带来的两个望远镜，用来观察日食。贝利还准备了用烟熏黑的玻璃片，以便直视太阳。

1836 年日食（是一个日环食）当天的早上，天气极为晴好。不论是在清晨还是在之后发生日食的期间，空中都不见一丝云朵。

下午 1 点 36 分，两人看到了月亮遮住太阳的第一缕迹象。还要再过 1 小时 25 分钟，太阳才会完全被遮住。还剩 1 分钟的时候，太阳变成了一条极细的银丝。这时，贝利拿开了两个望远镜目镜前的黑玻璃片，用裸眼直视太阳。他后来写道，当时看到的一幕实在是太不寻常，完全超出了预料，将他的眼睛牢牢锁在了望远镜上，在观看的过程中他无暇记录任何事情。

一排明显的、分布不均匀的光点，如同一串亮珠，突然出现在即将完全进入日面遮住银丝的月亮边缘。亮珠的形成极为迅速，贝利形容“似是点燃了一根导火索”。随着月亮继续移动，光点之间的暗区向外延伸，形成长长的黑线，直到日月之影彻底重合。刹那间，一个完整的圆环——日环，在月亮的暗影周围出现，它的边缘呈光滑的圆形。

115

贝利向通过另一架望远镜观测的维奇描述了刚才的一幕，并询问后者是否也看到了。维奇点头称是。

月亮继续移动，很快，相同的景观再次出现，只不过是在月亮的另一侧：数个亮点蓦地出现，迅速变为长长的线条，然后是一条耀眼的银边。太阳再次露出面容。

事后，贝利询问在其他地点进行了观测的人，其中大部分说他们也在望远镜中看到了贝利所说的现象。一个显然的解释是，那些亮点是太阳光穿过月亮表面的山丘和沟壑而形成的。但贝利意识到，这应该不是完整的回答。

他准确地指出，这与金星凌日的开始和结束时刻出现的黑滴效应（black-drop effect）很相似。这个效应并不广为人知：当金星出现在日面上时，行星的圆盘显得有些扭曲，可以看到形成一个黑色的凸起，仿佛粘在了日盘边缘上。随着金星继续移动，黑色凸起逐渐变长变细，直到消失，行星的暗影恢复为圆形。

直到二十世纪九十年代，人们才明白这实际上是因为日盘的亮度并不均匀所致。越靠近太阳边缘，它的亮度越弱。这导致了贝利等人看到的那一串亮珠前后颤动，尔后突然消失。

贝利翻阅了过往的日食记录，并断定前人已观察到了该现象。在1820年的日环食中，阿姆斯特丹的数学家让·亨利·范斯温登（Jean Henri van Swinden）在日环形成前的一瞬看到了“数条丝状或带状的暗线”。在1806年、1791年和1724年的日食中，也存在类似的记录；最早的一次是在1715年，哈雷看到“片刻间，有亮光从月亮背后闪现，一会儿在这里，一会儿又在那里”。

116

如今，我们将这一串亮点以贝利命名，称为“贝利珠”（Baily Beads）——因为他是第一个在太阳即将被月亮完全遮住时，通过望远镜看到、并生动地描述了此现象的人。

*　*　*　*　*

不过，贝利珠出现时，太阳并没有**完全**被遮住。为此，任何试图重复贝利工作的人都需要注意：他当时使用的望远镜比如今可以买到的廉价天文望远镜或双筒望远镜在光学成像质量上要低劣许多。贝利是用裸眼观看了经他的望远镜放大的亮斑；然而今天我们若这样做，几乎必将伤害到视力。

古希腊人早已知道肉眼直视太阳的潜在危害。据柏拉图记载，苏格拉底曾警告：“日食期间观看或凝视太阳或会伤害双眼。”又过了1000余年，阿拉伯学者艾哈迈德·比鲁尼给出了同样的警告：“直视太阳将导致眼花和视界模糊。”比鲁尼甚至承认他的视力因年轻时直视日食而下降了。苏格拉底和比鲁尼还知道观看日食的安全办法：看太阳在水中的倒影。贝利于

1820年在伦敦观看日食时，曾看到有人使用这种方法；直至今天，人们仍在使用。

牛顿在进行一项实验时，曾经历了短暂的视力损伤：他站在一间暗室里，看镜中反射的太阳。他先是用一只眼盯着镜子，然后转过身看向房间内的黑暗角落，用力眨眼，观察眼中太阳的残影经过多久才会消失。牛顿不断重复，盯着镜子的时间一次比一次长。经过几次尝试后，最终，他发现眼中太阳的残影不会消失。接下来的三天，他在昏暗到无法读写的房间内度过，然而残影依旧。直到第四天，他的视力才逐渐开始恢复，但在晚上他仍然拉紧了窗帘睡觉。

117

著名意大利画家乔托（Giotto）的学生塔代奥·加迪（Taddeo Gaddi）在观看日全食的偏食部分时曾暂时失明。事后，加迪写信给朋友：

> 不久前，我的双眼变得虚弱，令我难以忍受，痛苦持续至今。这都是我的愚蠢所致。今年某个时候，太阳变得残缺，我曾长时间凝视它，结果导致了视力虚弱……我感觉眼前总是有一片云雾，阻碍着我健康的视力。

这次日食发生在1330年7月16日，当时他正在为巴龙切利祷告间（位于佛罗伦萨圣十字教堂）绘制壁画《羊倌领报》（*Annunciation to the Shepherds*）。画面描绘了牧羊人坐在夜晚的山坡上。一些艺术史学家认为，图中天堂发出的暗淡光芒或许正是源于画家双眼的部分失明。

最近的一次事件发生在1962年，在夏威夷岛上空出现日偏食后，有52人出现部分失明，如今我们称之为日光性视网膜病变（solar retinopathy）。1996年，在印度，21人使用所谓的保护装置（例如防紫外线的墨镜或曝光的X光照片）观看日食时双眼受损。1999年，在欧洲，70人在日食后被诊断为视力受损。以上这些人虽然没有完全失明，但有些人的视力的确遭到了永久性的损害。

118

当受到强烈阳光直射时，双眼究竟会发生什么？首先，我们不会感觉到疼痛。其次，可能出现的症状包括视野模糊或扭曲，以及色觉残缺。在受到直射后数小时甚至数天内，症状可能不甚明显。物理上，眼球内液体的温度会升高，导致视网膜上感受细胞（receptor cells）的光化学反应产生改变。视网膜黄斑区（视觉最敏感的区域）的细胞在强光下可能会遭到永久性损伤。损伤似乎是逐渐累积的，目前尚无任何有效治疗方案。

那么，我们该怎样安全地观看日食呢？最安全的方法就是不直接看。日光经过水面反射后，其强度会显著减小。太阳的图像还可以通过小孔或是望远镜（包括双筒）投射至空白表面上。只有在使用一种特制的滤光片时，我们才可以用肉眼安全地直视太阳。这类滤光片镀有一层金属膜，专为强光设计，可显著降低可见光的强度，同时滤去有害的紫外线和红外线。镀铝聚酯薄膜（Aluminized Mylar）比较常用，但它们很脆弱，极易开裂或穿孔。如果一定要直视，最好的方法是通过14号电焊面罩（五金店有售）短暂地看。曝光的底片（包括X光照片）、烟熏玻璃片、偏振镜、摄像用中性灰度滤镜、多个太阳镜、保温聚酯膜、CD 或 DVD 光盘等均不是安全的滤光装置。太阳透过滤镜看起来更暗并不意味着滤镜就是安全的。

在月亮完全遮住太阳的数分钟（或是数秒）内，我们可以用任何方式直接观察太阳，但要时刻准备重新戴上保护工具，以免被月亮移开后重新出现的强烈日光灼伤。尽管如此，正如119 贝利所发现的那样，只有在日全食期间，他才得以“被想象中最夺目、最壮观的现象震撼”。

*　*　*　*　*

贝利人生中第三次日食出现在 1842 年，这场日食的本影带穿过西班牙、法国南部、意大利北部、奥地利和欧洲东部。贝利原本计划借用位于法国南部的一个观测站，但当他提前几天到达后，（同时因为想在回程顺路访问威尼斯）他改变了主意，沿着本影带继续向东前进，最终于 7 月 7 日即日食发生前一天的正午时分抵达意大利的帕维亚。当地某大学的一名教授听说贝利来访后，慷慨地提供了校内的宿舍供他居住。贝利选择了顶层窗户朝东的房间以便观测日食。教授询问是否需要其他帮助，贝利说只要有房间的钥匙就够了。在教授离开后，贝利锁上了房门，以保证在观测期间不受打扰。

日出后，东边天空接近地平线的位置有一层薄云，但太阳很快便升到云的上方，之后空中便再无云朵。即将到早 6 点时，贝利看到月亮开始遮挡太阳。90 分钟后，他看到太阳只剩下细细的一条亮线，期望着能够在亮珠出现前看到黑线。然而黑线没有出现，亮珠倒是十分显眼。正当贝利数着那一串上共有多少个亮点时，下面的街道上爆发一阵掌声。他迅速朝楼下瞄了一眼，便继续观测。这时，漆黑的月影被白色的辉光包围，贝利写道“其形状和大小与画家在圣人头边绘出的图案十分相似”。

120

> 看到突然出现在眼前的壮观景象，我惊呆了。它牢牢地抓住了我的注意力，以至于我几乎无心关注亮珠串，不过在这一幕刚出现的时候，亮珠并没有完全消失。

这便是**日冕**。它从月影边缘沿径向伸展相当于月球直径的距离，在靠近月影边缘处最亮，距离越远亮度越弱。贝利描述它的颜色“十分接近白色，但并不是珍珠的颜色，也不是黄色”。他本以为在全食期间四周会变得黑暗，于是提前点燃了一根蜡烛，却发现这根本没必要。贝利估计，日冕的光芒足够他阅读很小的字了。然而，纵使日冕的景象如此壮观，当他继续通过望远镜观察时，却发现了另一个完全出乎意料且同样奇特的东西。

在月影的边缘上有三处凸起（protuberances）（如今被称为日珥（prominences）），每一处的形状都不规则，贝利将其比作高山。它们都呈鲜红色，光强稳定，不像日冕那般摇曳或闪烁。贝利持续观察，直到在月亮的一侧出现亮珠串，随后明亮的日盘重现，全食部分结束。

另一名英国天文学家也来到意大利进行了观测。他叫乔治·艾里（George Airy），是皇家天文学家（Astronomer Royal）。该职位于1675年设立，哈雷也曾任职。艾里选择了苏佩尔加圣殿（Basilica of Superga），它位于一个小山丘的顶点，从那儿可以俯瞰波河河谷（Po Valley）和都灵市（Turin）。他在日食发生前一天抵达，并于当晚爬上圣殿，叫醒了神父，神父允许他在圣殿的任意位置进行观测。圣殿的穹顶看起来是个好地方，但在快速检查了一圈后，艾里选择了柱廊前的一个平台。他在晨曦中架起望远镜，然后与神父们一同等待日出。

121

艾里也幸运地没有被云朵阻碍。食甚两分钟前，天空已显著变黑，太阳只剩下一缕银边，艾里眯起眼睛盯着望远镜，等待着贝利珠出现，并试图借助数脉搏来计量时长。他数了两拍，贝利珠便消失，出现了日冕。他同样看到了太阳边缘的三个红色的小凸起。艾里身边围着一圈神父们，其中一人开始观察起周围的风景。“总的来看十分吓人，”他写道，“仿佛是在用很暗的绿色透镜来看东西。”和贝利一样，艾里也注意到，当月亮彻底遮住太阳的瞬间，周围的人们不约而同地鼓起掌来。

* * * * *

贝利和艾里对1842年日食的记录虽在科学上足够准确，但并没有留下任何感性的叙述。幸运的是，奥地利作家阿达尔贝特·施蒂夫特（Adalbert Stifter）在维也纳目睹了同一场事件。

“在我的人生中，从未有过如此震颤的时刻，”他写道，“在短短两分钟内，我的内心被恐惧和敬畏占据。”日食是如此简单的一个现象：太阳照在月球上，月球把影子投在地球上。然而，因为三者的体积是如此庞大，它们之间的距离又是如此遥远，不禁让人在看到的时候感觉自然的法则似被扭曲。

在日食当天早上，施蒂夫特早早醒来，爬到可以俯瞰维也纳整个市区和城郊的屋顶。这时，太阳刚好升起。他有一种奇怪的感觉，接下来的两个小时内似乎会发生一些事情——只不过他的体验与设想大相径庭。

122

他看到有的人从阁楼的窗户中伸出头，还有的人和他一样也来到了屋顶上。所有人都在盯着太阳，等待它从天空中隐去。

“这是一种很奇妙的感觉，”施蒂夫特写道，“如此异乎寻常的、沉重而密集的黑色东西正逐渐接近我们，一点点蚕食着太阳——而它竟然是我们熟悉的月亮。”

当天空和四周的景色变得愈发黑暗时，他第一次感觉到有些不适。光照的变化不是像黄昏时分那样发红发绿，而是所有颜色都在逐渐褪去，变得灰暗而阴沉。

“要来了！”有人大叫。周围的气氛已经紧张到了最高点。太阳即将完全消失，仿佛余烬燃烧的最后一颗火花。施蒂夫特认为这一刻悲痛异常。尽管早已知道太阳彻底消失的准确时刻，他仍然感到一股非理性的恐惧和一丝好奇。他看到身旁一位女子开始嚎啕大哭，邻家的另一个女子昏了过去；事后一名男子向施蒂夫特坦言他的泪水止不住地流。

“我一直以为前人对日食的描述都太夸张了，”后来施蒂夫特评价，“而且猜想这次的也不会有什么不一样；然而，它们，包括这次，都远远不及真相。”

终于，在食既的那一刻，人群爆发出一片欢呼，所有人都用力地鼓起掌来。

太阳仅仅消失了片刻，不到两分钟，然后一道银边显现，并越来越宽。大地重新恢复原本的色彩；人们三三两两地回到自己的工作岗位上。不过，施蒂夫特也写道，在接下来的几天内，所有人都争相告诉他人，说自己仍然能感觉到那一幕深深烙印在心中。

我在第一次阅读施蒂夫特的记录前已经看过两场日全食，并惊讶于他对一个人在观看日食过程中及之后的感情描写是如此准确。我从未看到过任何其他的叙述能与之比拟。对他的记录，我只想补充一点：对我而言，日全食的景象——包括突然变暗的天空、灿烂的日冕、日盘周围血红的日珥——是我最原始的经历，仿佛大脑中最本原的、根植于进化源头的部分被激活，进而控制了我的感受。我希望那一幕可以永续，以便研究它、记住它；但当日食结束，周遭重回正常时，却又感到一阵释然。

123

《最后的莫希干人》(*The Last of the Mohicans*)及其他诸多美国经典文学作品的作者詹姆斯·费尼莫尔·库珀(James Fenimore Cooper)曾目睹一场日全食，20余年后他仍回忆称：“我对那场事件，和那天所发生事情的记忆，依旧鲜活如昨日。”

那是在1806年，库珀17岁，与家人一起住在纽约市的奥齐戈湖畔。距离日食还有数星期，然而全市人都已陷入焦急的期待中。日食前一晚，他和家人几乎无法谈论其他话题，任何对话都会立刻转到关于行星和月亮的运动，以及即将到来的日食上。

那天晚上，库珀望着漫天的繁星，好奇明天究竟会发生怎样的变化。次日清晨，家人和邻居们聚到一起，所有人拿出一块彩色的玻璃片，并将注意力转向天空。

当太阳开始失去最初的一小块时，据库珀回忆，有一人"发出喜悦的、近乎欢欣鼓舞的叫声"。很快，其他人也看到了，并相继尖叫。太阳逐渐消失，一半，四分之三。当它几乎被完全遮住时，库珀快速扫了一眼天空，看到有一个火花在他面前闪烁。"瞬间，我以为是幻觉，但下一刻便发现那是一颗星星。随后，有更多的星星接连出现。"时值正午，天空中繁星密布，太阳彻底消失不见。

黑暗持续了三分钟。"所有人都感到一种窒息般强烈的兴奋。"那是"一幅威严而壮丽的景观"，令人"羞愧和敬畏"。很快，星光黯淡，光明重现。库珀说"日食后阳光重返大地的瞬间带来的喜悦，与我已知的一切相异"。它不是日暮时分，也不是风暴过后，而是"宛如天堂降临"。他看向自己的家人和邻居，看到女人们双手紧扣，泪如泉涌。他认识的最富有学识的男子静静地站着，陷入了沉思。沉默持续了数分钟，然后库珀听到了窃窃低语。在回忆的结尾，库珀写道："我从未看过有什么场面比这日全食更直白地……教导了什么叫谦逊。"

124

一个多世纪后，英国作家弗吉尼亚·吴尔夫给出了对日全食截然不同的描述。这次日食提前数月便在英国媒体上被大肆宣传，共有超过 300 万英国民众来到英格兰北部一睹其貌。吴尔夫和她的丈夫还有三个朋友也踏上了旅程。五人坐上了日食

（发生于 1927 年 6 月 29 日）前夜晚 10 点钟的火车，从伦敦国王十字尤斯顿火车站出发，前往北约克郡的里士满。旅程全长五个半小时，一路上他们根本无法入睡。在日记中，吴尔夫回忆她靠抽雪茄打发时间。

一路上，她看到人们不再用“你好”打招呼，逢人开口第一个词便是“日食”。凌晨 3 点半，火车抵达里士满，十分接近宽约 30 英里的本影带的中央线。车站前等着一长排的汽车和公交车，准备载人去山顶上视野最佳的地方观看日食。吴尔夫等人坐上了一辆公交车。里士满的清晨很冷，天空中还蒙着一层云。公交车来到伊尔克利镇北边数英里远的巴登原野（Barden Fell）高处湿软的沼泽地，那儿已经聚集了数百人，有的人显然是扎营过了一夜。据吴尔夫观察，没有人精神饱满，但绝大多数看起来仍尽力表现出一丝尊严。

众人如雕像般沿着山丘顶排列。大多数人跺脚取暖，其他则裹上了床单。

4 点 45 分，太阳升起来了。“我们开始感到焦虑，”吴尔夫写道，“阳光从云层底部射出来。”有那么一会儿，她看到太阳金碧辉煌，但转眼间云又把它挡住了。

125

在接下来的一个小时里，她一直凝视着东方的天空，看到太阳在云层间若隐若现。西方的天空一片晴朗。许多人手里都拿着一块表。距离宝贵的 24 秒全食只剩一点时间了，问题是太阳在这段期间内会不会露出脸。吴尔夫感觉自己上当了。

太阳似乎打算再努力一下。片刻间，她和其他人看到了一条狭窄的明亮光带，但最终云朵占据了上风。天空开始发暗，吴尔夫判断全食已经开始了。但果真如此吗？天空继续变得更暗，她预感到还将发生更加重大的事情。突然，仿佛一个小船倾覆后无法翻身一般，她的周围陷入了彻底的黑暗，她完全听凭天空的摆布。“一切都结束了，”她写道，“世界的血肉死了。”但，24 秒后，光芒唐突地重现，先是黯淡，然后逐渐带上色彩。吴尔夫感觉到了“极度的释然”。

回过头来看，这是一场令人印象深刻的冒险：从伦敦客厅里跑出来，连夜坐火车来到英格兰最远的一处沼泽地，一直站到日出天亮。“在那六月的夜晚，没有比这更奇怪的理由能让（这么多的）人聚集在一起了。”

当晚，吴尔夫回到了伦敦，这次她在火车上睡了个够。

* * * * *

让吴尔夫等数百万人跑到英格兰北部耗上一整天来看一出日全食的激动与期待可以追溯到贝利和艾里。在两人于 1842 年踏上远征的旅途之后，日食便成为了一种流行。自那以来，再没有一场日食无人追逐——纵使它出现在天涯海角，亦有人跋山涉水而心甘情愿。 126

第八章
自然的真相

高耸入云的推断之塔上
科学正等待着时机
宣告太阳神光芒万丈的面容
也注定要被那黑暗笼罩
而坐视迷信用疯狂的仪式
徒劳地将其驱赶。

——威廉·华兹华斯（William Wordsworth），
写于1820年9月7日一场日偏食后

大多数历史学家认为 1839 年 1 月 7 日是照相术被发明的日期。这一天，法国著名科学家（后成为法国首相）弗朗索瓦·阿拉戈（François Arago）向世界宣布，他的同胞路易·达盖尔（Louis Daguerre）找到了一种化学工艺，可以在金属板上永久地印制图像。我个人则更愿意把这个事件向后推迟数月，到 7 月 14 日，因为在这一天，巴黎的艺术评论家朱尔·雅南（Jules Janin）才告诉了世人这一发明究竟意味着什么。

127

“不会再有任何人或事物能够逃离自然的真相了，”雅南在时尚周刊《艺术家》（*L'Artiste*）中撰文写道，“这让人有些悲伤。”

不论令人悲伤与否，达盖尔的发明的确改变了世界。当年 8 月，他宣布将自己的发明“馈赠”给全世界。（同月，他得到了法国政府发放的奖金。）他详细描述了这一工艺的具体步骤，包括如何在高度抛光的铜板表面覆一层碘化银，并将铜板在强光下暴晒一个多小时，最后把它放在充满剧毒的水银蒸气中以获得图像。整套方法连同所需材料很快刊登在欧洲和美国的各大报纸上，转眼间传遍了全世界。

9 月 20 日，一份伦敦《文艺报》（*Literary Gazette*）的复印本被送到纽约，上面记载了达盖尔的工艺方法。次日，纽约大学的化学教授约翰·德雷珀（John Draper）在阿斯特公寓（Astor House）看到了这本杂志，阅读了达盖尔的方法。德雷珀在第二天立刻便购买了必要的化学材料，用一个雪茄盒和从眼镜上摘下来的玻璃镜片，制成了美国第一台照相机。再过了一天，德雷珀拍摄了他的第一张照片。

他给实验室助手拍了一张肖像，为此后者不得不在烈日下一动不动地坐了半个钟头。德雷珀改进了工艺，使化学试剂对光更加敏感，并加大了镜头的尺寸。第二年春天，他给自己的家人拍了一张，这次众人只需安静地站立 90 秒。这下，他相信自己可以在夜间拍摄了。他选择月亮作为第一个拍摄对象。

128

1840 年春天，晴朗的夜晚持续了数天。德雷珀爬到大学主楼的屋顶上，经过数次尝试，他终于在一小块铜板上照出了我们最邻近天体的样貌。曝光持续了 20 分钟，月亮的成像直径为 1 英寸。它很亮，不过上面有若干不规则的暗斑。1840 年 4 月，德雷珀在自然历史学园（现纽约科学院）展出了照片，观众无不惊讶于他的成就。

德雷珀自然不是唯一一个改进了达盖尔工艺的人，也不是唯一一个将照相机的镜头指向天空的人。第一张太阳的照片直到 1845 年才问世（难点在于制造一个速度足够快的快门，以大幅减少太阳的强光），第一张星空图比它又晚了五年；然而，第一张日偏食的照片则由米兰的亚历山德罗·马约基（Alessandro Majocchi）于 1842 年拍摄成功。在那次日食中，马约基在食既的数分钟前曝光了一张铜板，得到细月牙形的太阳。他还试图拍摄日冕的微光，但全食只持续了两分钟，不足以让曝光的底板上出现哪怕一丝日冕的图案。

达盖尔工艺的光敏性逐步得到提升。1851 年，约翰·伯考斯基（Johann Berkowski）使用一架在东普鲁士柯尼希斯山天文台（Königsberg Observatory）的小望远镜，拍摄了第一张日全食的照片。曝光时间为 84 秒，底板上太阳的直径只有三分之一英寸，但若用放大镜观察，仍可以看到至少三个日珥从月盘边缘微微凸出，以及环绕在周围的微弱的白色日冕。

这下，人们对努力拍摄一张日全食照片愈发感兴趣，而这最终演变为一种风尚。

129

*　*　*　*　*

制造扑克牌让沃伦·德拉吕（Warren De La Rue）与天文学有了瓜葛。1831年，他的父亲托马斯得到了给扑克牌上釉的专利，该技术可使扑克牌更加耐用，在玩牌时不易损害而产生标记。新牌很快为大众所接受，德拉吕公司每年生产十万余副扑克牌，这也自然让德拉吕家族变得十分富有。为了维持现状，托马斯·德拉吕（Thomas De La Rue）派儿子沃伦去向潜在的经销商宣传产品，同时寻找更好的生产方法。

在旅途中，1840年，年轻的德拉吕来到了著名的苏格兰发明家詹姆斯·内史密斯（James Nasmyth）的工坊里。当时内史密斯已经发明了许多受欢迎的生产设备，包括造船时用于制作大型金属传动轴的蒸汽锤。他同样是漆料和树脂在金属、木材或纸张上应用问题的专家，而正是这一点引起了德拉吕的注意。不久前，内史密斯完善了在纸张上覆盖一层极薄的白铅过渡层的方法，德拉吕立刻看到了这一技术在扑克牌生产中的应用前景。然而，在造访内史密斯时，他却注意到了另外一样东西。苏格兰发明家当时正在制作用于望远镜的镜子。内史密斯向德拉吕演示了他的镜子是如何将太阳的图像投射到一面墙上的。对天文一无所知的德拉吕看到后，指了指图像中几处略暗的区域，认为这是镜面不够好的问题。内史密斯纠正了他：那些“暗斑”是太阳黑子，他看到的是太阳表面真正的样子。德拉吕立刻请求内史密斯也为他做一块镜子。

在内史密斯和英国皇家学会的几名天文学家的帮助下，德拉吕设计并制造了自己的望远镜，把它安置在自己的天文台内。自那以来，他便定期观察夜空，研究星座，绘制行星（尤其是土星）的详细样貌。他还拍摄了月球，使用的是一种名为湿板火棉胶（wet collodion）的工艺，这比达盖尔的方法更容易感光。　130

德拉吕一边追逐着天文梦，一边继续四处旅游。1858年，他为了生意来到普鲁士，特地抽出时间拜访了柯尼希斯山天文台，看到了伯考斯基拍摄的日全食照片。月亮的大小比他用望远镜拍摄的要小得多；而且，使用达盖尔的工艺显然无法得到湿板火棉胶工艺所能达到的精细度。他勉强能看到日珥，便问那是什么。天文学家告诉他，那可能是月球稀薄大气中悬浮的云，也有可能是地球大气扰动导致的扭曲，还有可能是从太阳表面升起的某种巨大结构。天文台的学者还给德拉吕看了一本册子，上面记载着下一次日全食的细节：它将于两年后的1860年7月18日出现，日全食带将穿过大西洋、西班牙北部、地中海和非洲。德拉吕意识到这是确定日珥真实身份的绝佳机会。但这需要将数吨重的设备，包括望远镜和一间暗室，搬运到本影带覆盖的某个地方，以拍摄一张翔实的日全食照片。

幸运的是，本影带落在西班牙北部的地点正好新建成了一条铁道，这让器材的运输方便了许多。德拉吕还发现英国对此事也颇感兴趣，皇家天文学家乔治·艾里急切地想加入德拉吕的旅程。艾里动用他在英国海军部的影响力，为该项目筹集了资金；他还说服海军部派一艘船，把德拉吕、众多助手、其他感兴趣的人和必要设备运送到西班牙。

7月7日，日食发生的11天前，他们从普利茅斯海峡出发，两天后抵达西班牙北岸的毕尔巴鄂（Bilbao）。船上载着30个装满了器具设备的大木箱。海关的官员掀开一个木箱的盖子，检查了内容物，然后便允许箱子和德拉吕等人进入西班牙。

131

德拉吕将观测站选在了毕尔巴鄂以南30英里的瑞瓦贝罗萨（Rivabellosa）村落。这里也是比利牛斯山脉（Pyrenees）的最南端，由此可最大程度避开在山的北坡形成的云。他设计并搭建了一个便于移动的台站，上面盖着一层沾湿的帆布，以降低内部的温度。沉重的望远镜安置在建筑的一侧，其上方的帆布可以拿下；建筑的另一侧则是一间完整的暗室，里面有水槽、各种化学试剂和一个蓄有16加仑[①]蒸馏水的贮水箱。湿板火棉胶工艺要求底板必须在拍照前即时准备，并在拍照后立刻进行显像处理。

据德拉吕所知，整个计划中争议最大的部分就在于使用湿板火棉胶工艺而非更加可靠的达盖尔工艺。前者使用的试剂种类更多，其中某些药品可能会爆炸；它们需要以极精确的比例调配，才能形成浆状的溶液——火棉胶。火棉胶需要从一片干净的玻璃板一侧缓缓倾倒，以防出现污迹或气泡；随后，玻璃

① 1加仑约等于4.5升。——译者注

板要完全浸入碘化银溶液中。制成的底板要放入不透光的封套中，拿到相机边上，再装进去。曝光后，底板被取出，浸入硫酸亚铁溶液中，以洗去残留的碘化银，然后再浸入氰化钾溶液中定影。最后，用蒸馏水洗净，置于烛火上烘干，再涂上一层漆。整个过程相当复杂，任一环节出现差错都会使影像失真，或是出现斑纹；但它比达盖尔工艺的感光度高出许多，可以记录更丰富的细节。

另一个问题是曝光时间。德拉吕不知道制成的底板对光有多敏感。半分钟够长吗？如果曝光三分钟，就只能得到一张图片。最终，他折中取为一分钟，共拍摄两张。

132

他还担心这一套设备究竟能不能用。在日食前几天，德拉吕便与助手们反复演练短短数分钟的全食期间应该做的事情。后来同样长途跋涉去拍摄日食的人应该能体会到他们经历的不眠之夜，对器材及其他种种事情的担忧。有人甚至说做了噩梦。一名从英国跑到泰国拍摄日食的天文学家回忆发生的一切太糟糕，他“忍不住蹲在地上嚎啕大哭”。

天气同样令他们忧虑。日食两天前，德拉吕看到了一场“前所未有的恶劣雷暴”。接下来的一整天，空中都是乌云密布。日食当天早上，天气似乎无望转晴，德拉吕望着天空，心急如焚。“我敢说，”他写道，“没有人比**我**更加焦急。”直到中午，天空才逐渐显露出放晴的迹象。终于，在月亮即将开始遮挡太阳时，所有云朵奇迹般地消散，天空一片晴朗。德拉吕和助手们立刻着手开始工作。

在偏食阶段，他们共拍摄了 20 张照片。在食既的数秒前，第21张底板准备好了。暗室内的助手将底板放入封套中，交给第二位助手，后者立刻把它拿给站在数英尺之外梯子半腰的第三位助手。第三位助手把底板递给德拉吕，德拉吕顺势将其插入望远镜的卡槽中。第四位助手打开望远镜另一端的遮光板，第五位助手立刻开始看着精密记时仪读秒记录时间。趁着短暂的一分钟曝光时间，德拉吕通过另一台较小的望远镜，研究月盘周围伸展的结构。

133

在宝贵的数秒中，他看到了数个亮红色的日珥。继续观察，可见其中一侧暗线盖住了一个小的日珥，同时另一侧出现了一个新的。显然，这个日珥是附着在太阳上而非月亮上的。但他能否得到照片来向他人证明这一点呢?

第一分钟结束后，德拉吕拿出底板，将其交给一位助手，以立刻进行定影，然后接过一张新的底板，放入望远镜的卡槽。又一分钟过去了。在此期间，德拉吕听到了暗室内一个名为雷诺兹（Reynolds）的助手大声报告第一张底板上出现了图像。后来德拉吕回忆，那几个字带给他“战栗般的欣喜”。这时，意外发生了：尽管德拉吕谨慎地没有怪罪任何人，但有人碰了一下望远镜，导致本该用于与第一张进行对比的底片上出现了重影，它被彻底毁掉了。他为这次拍摄准备了数个月，花费了大量金钱和精力，结果却功亏一篑。他只能依据自己观察的记忆说日珥是源于太阳的结构，但这显然不足以让人信服。

但这个故事有一个美好的结局。十分幸运，另一位来自梵蒂冈罗曼大学（Roman College）的天文学家兼神父安杰洛·塞基（Angelo Secchi）同样计划拍摄此次日食，并进行了实地考察。他在距离德拉吕250英里的西班牙东海岸，成功拍摄到了一张日全食的照片。虽然他的照片质量不及德拉吕，但数年后，德拉吕带着自己的曝光底板来到罗马，将两张照片进行比较，结果毫无疑问地证实了月亮相对于日珥的结构发生移动。 134

* * * * *

如今，我们很容易对德拉吕和塞基的工作不屑一顾，但要知道，在当时，人们对太阳和月亮的物理特征所知甚少。

1836年，当贝利在宝贵的日全食阶段通过他的望远镜仔细研究月亮的剪影时，他甚至猜测会不会看到几个太阳光的亮斑，以证明月亮的内部其实是一个大空洞。还有人猜测月亮的表面是由一层极为松散的物质组成，如果有人试图站在上面，会立刻陷下去消失不见。

对太阳的猜测则更加——按照我们现在的理解来看——离奇。在十九世纪的第二个十年，发现了天王星并成为世界首屈一指的天文学家的威廉·赫舍尔（William Herschel）研究了太阳黑子，并得出结论说它们与冷暗的内部连通，即我们看到的太阳表面其实是薄薄一层发光的海洋。十九世纪六十年代，冷暗内核的猜想被发光的球体取代。可太阳到底是什么？它到底是固体、液体还是气体？耀眼的阳光阻碍了对此问题的回答，这也是日全食的研究占据了核心地位的原因。对日珥的研究或许能帮助人们进一步了解太阳。而在十九世纪五十年代，出现了引领研究的新工具——光谱学。

在该学科，牛顿又一次成为了领军人物：他在暗室的窗帘上开了一个洞，让一束阳光射入，并用一个棱镜将阳光散射成一条七彩的光带。1814 年，德国的玻璃工匠约瑟夫·冯·夫琅和费（Joseph von Fraunhofer）改进了牛顿的实验：他用一条狭缝代替了牛顿的孔洞，使用多组镜片以形成更宽的光带，并仔细研究。他注意到了其中存在数百条暗线，并将其中一些较为显眼的线条用大写字母 A 到 K 标记（他跳过了 I 和 J，因为这两个字母的印刷体很难区分）。

135

暗线之谜由古斯塔夫·基希霍夫（Gustav Kirchhoff）于 1859 年解开了。他发现，每一种化学元素对应着独有的一组暗线。例如，基希霍夫加热玻璃管中的氢气时，发现它产生一组亮线，恰与夫琅和费标注为 C 和 F 的暗线对应。基希霍夫还发现，E 线对应着铁，G 线对应着钙，D 线对应着钠（即食盐中的成分）。为了寻找这些对应关系，基希霍夫发明了一种新的科学仪器：光谱仪。突然之间，天文学家可以查询的东西丰富了许多。他们将光谱仪接在望远镜后，来探索前人认为不可能解决的问题：恒星的化学成分。

显然，这个新工具同样可用于确定太阳日珥的本质。于是，四个国家组织了共十次考察，派出天文学家拍摄下一次发生于 1868 年 8 月 18 日的日全食，并进行光谱测量。

*　*　*　*　*

与 1851 年和 1860 年不同，1868 年日全食的本影带不经过欧洲，而是从亚丁市的红海南端开始，穿过阿拉伯海到印度南部，然后经过孟加拉湾到泰国，最后抵达婆罗洲和新赫布里底群岛。德国的天文学家在研究了日全食路径和可能的天气状况后，派出了两支考察队，一支前往亚丁市，另一支前往印度。奥地利派出了一支考察队奔赴亚丁市。自1858年起控制了印度的英国派出了四支队伍前往殖民地。法国分成两派，巴黎经度局（Bureau of Longitude）派皮埃尔·让森（Pierre Janssen）等人去了印度（我们稍后详细讲讲这个人），而巴黎天文台（Paris Observatory）则受到泰国国王蒙古（Mongkut）的邀请，将由十余名天文学家组成的主力部队派往泰国。

136

蒙古是泰国的第四任国王，于1851年即位。在他的统治期间，泰国开始受到西方文化的影响。蒙古立志将两个世界连在一起，在维持古老的佛教传统的同时，寻找一种民主统治的方法。著名歌剧《国王与我》（*The King and I*）中讲述的便是这位国王，他的孩子们的老师是一位名叫安娜·利奥诺温斯（Anna Leonowens）的英国女子。

当得知数年后将发生的日食时，蒙古决定让泰国成为科学家们可以来观察天象的焦点之地。他花费数个月来计算泰国国内哪些位置可以看到日食，最终选择了在投影带中央线上的、位于马来半岛的韦格霍庄园（Waghor village），率领王室成员一同前往观看。他还向欧洲各大国的科学家和权贵发出邀请，但只有法国人和新加坡的英国总督接受了邀请*。

* 日食发生时，安娜·利奥诺温斯身在美国。

蒙古令人清理了丛林中的一大片地方，以便他和他的家人、法国科学家和英国官员观看日食。科学家们搭好了望远镜，其他人则开心地享用住在曼谷的一位法国厨师准备的美味佳肴。他们的饮品也是从曼谷运过来的，并用冰块冷藏。

日食发生当天，空中还飘着一些云朵，但日食发生时放晴了。观赏后，蒙古前去祭拜当地的神明，感谢他们带来了晴朗的天空。之后，他回到曼谷，不久便患了病。在歌剧《国王与我》中，国王死于非难；实际上，蒙古死于旅途中感染的疟疾。然而他的努力为世人所铭记，泰国将日食发生的 8 月 18 日定为国家科学日，以纪念蒙古王和他对 1868 年日全食的预测。

137 接受蒙古邀请的法国科学家们不虚此行。尤其是乔治・拉耶（Georges Rayet）——他在前一年发现了新的一类恒星，如今被称为沃尔夫－拉耶星（Wolf-Rayet star）*——将光谱仪的狭缝对准了一个日珥，看到了许多亮线。这样做的不只他一人，在其他地点观测的天文学家们同样看到了日珥发出的一组亮线。根据基希霍夫的说法，再结合各自对日珥在太阳表面活动的观察，他们立刻明白太阳必然是一团气体。不仅如此，日珥的光谱中最亮的是源自氢的红线，这也解释了日食期间日珥为何看起来是红色的。至此，拉耶收拾好行李，回到了家，分散在世界各地的其他天文学家也纷纷打道回府——除了一人：身在印度的让森。

在日食期间，让森惊讶于日珥光谱中亮线的强度，他立刻

* 此类恒星体积巨大，非常明亮，能量源于核心发生的氦聚变而非氢聚变。

想到，如果它们这么亮，就算**没有**日食，它们应该也能被看到。不幸的是，日食后天空转阴，他在当天无法进行任何更多的观测。

第二天，他在凌晨 3 点起床，因自己即将进行的尝试感到激动万分。他准备好了望远镜和光谱仪，等待着日出。当太阳摆脱地平线附近的云雾后，让森立刻查看光谱仪。天啊！一组亮线，和昨天在日食期间看到的一模一样的亮线，正出现在他的眼前。他革新了研究太阳的方法。

让森在印度又逗留了一个月，完善观测的技术，同时只要天气允许便观察日珥的光谱。9 月 19 日，他在写给法国科学院的秘书让－巴蒂斯特·杜马（Jean-Baptiste Dumas）的一封信中描述了他的发现。这封信于 10 月 26 日寄达巴黎，花了五个星期。巧得很，就在同一天，信件寄到时，沃伦·德拉吕正在法国科学院的一次会议上，阅读也是在那一天他的祖国同胞诺曼·洛克耶（Norman Lockyer）寄来的另一封信，后者因身体过于虚弱而未能前往印度观看 1868 年的日食。信中，洛克耶写道，他想出了**不在**日食期间通过光谱仪观看日冕的方法。

138

实际上，英法两国——包括两国的科学家——经常互相敌视，最近的一次便是 1846 年发现的海王星究竟要更多地归功于英国天文学家约翰·亚当斯（John Adams）还是法国天文学家于尔班·勒威耶（Urbain Le Verrier）的争论。然而，在会议上读过分别来自两人的两封信后，与会成员一致决定两人都应获得表彰。1872 年，两人同获一枚奖章，以纪念共同的发现；二人间的友谊也变得更加牢固。

*　*　*　*　*

洛克耶对日珥光谱的研究领先了一步。三条亮线总是出现在相同的位置。其中，位于光谱红色端的线对应基希霍夫所说的 C 线，意味着它源于氢元素。位于蓝色区、强度与之相当的线对应基希霍夫的 F 线，它同样源于氢。问题是第三条线。它位于黄色区，乍一看对应于基希霍夫的 D 线，似乎是源于钠元素。然而，当洛克耶改进了他的观测，更准确地测出了亮线的位置后，发现它比表示钠元素的 D 线偏离了一点点。那它究竟表示什么呢？

洛克耶向伦敦帝国大学（Imperial College）的化学家爱德华·弗兰克兰（Edward Frankland）求助，两人希望能共同解开黄线之谜。他们先是改变氢气的压强，并测量其光谱，然而没有看到黄线。他们继续猜测，或许是太阳上气体的运动造成了黄线，但实验结果否定了猜测。最终，洛克耶认为黄线或许源于一种新的化学元素，它只存在于太阳上。于是他以希腊太阳神赫利俄斯（Helios）的名字为其命名，把它叫作 helium——氦。

139

情况陷入僵局。洛克耶因过于极端的结论——某一种元素存在于宇宙中却不在地球上——而常遭诟病。他的想法在科学界处处遇冷，其他科学家在提到这个新元素时，常常称其为"假设的氦"。当时因提出元素周期表而引发了一场化学革命的俄国化学家德米特里·门捷列夫（Dmitri Mendeleev）给出了最严厉无情的批判：他的元素周期表里没有氦的容身之处。然而在 1895 年，这一切发生了改变。

伦敦大学学院（University College London）的威廉·拉姆齐（William Ramsay）当时正在鉴定一种沥青铀矿的样品。该矿为接近黑色的岩石，里面通常含有银。拉姆齐取下一小块样品，研成粉末，并倒入硫酸。样品开始冒出气泡。一开始，他认为生成的气体必定是二氧化碳，因为绝大多数岩石遇到硫酸都会放出二氧化碳。然而气泡产生的速率很低。他收集气体，并检查它的光谱，发现其中有一条非常强的黄线，与洛克耶在日珥的光谱中看到的黄线完全一致。

1900年，面对难以撼动的铁证，门捷列夫终于将氦加入了元素周期表中。

*　*　*　*　*

在接下来的十年里，洛克耶和让森继续追寻日全食。1870年圣诞之前会发生一场日食，可以从西班牙南部、西西里岛和北非的部分区域看到。洛克耶在英国组织了四支观测队，分别前往西班牙、直布罗陀、阿尔及利亚和西西里岛，他本人率领西西里岛观测队。他还托人向巴黎送信，询问让森是否能加入阿尔及利亚的观测队。此时，普法战争（Franco-Prussian War）刚刚开始，巴黎正处于围困之中。

140

洛克耶与英国外交部合作，设法说服了普鲁士首相奥托·冯·俾斯麦（Otto von Bismarck），后者准许让森安全离开城市。让森婉拒了提议，而选择了另一条路线离开巴黎——气球。

在巴黎遭到围困时，人们用气球来运送军官和政府官员离开城市。10月7日，战争指挥官莱昂·甘必大（Léon Gambetta）飞出巴黎，以组织军队从图尔（Tours）向普鲁士军反击。12月2日，让森也会乘上气球。

巴黎早已用光了丝绸气球。百余名女缝纫工夜以继日地将无数棉布织在一起，做成硕大的气囊，再涂上一层亚麻籽油，以使其能容纳煤气而不泄露。气囊下方悬挂藤条编织的筐，底面长宽各4英尺，高3英尺，筐内可载人或物。操纵气球的是来自法国海军的船员，因为人们觉得在空中开气球和在海上开船差不多。让森搭乘的气球名为沃尔塔（Volta），驾驶员名为沙普兰（Chapelain）。唯一的行李是重达300磅的天文观测设备，让森把它们包裹得严严实实，分装在四个木箱里。每件设备的四周都垫有团紧的纸块，以防在突然的震动中受损。

让森和沙普兰在12月2日早6点离开巴黎。天刚蒙蒙亮，他们从约2000英尺的高度飞越了普鲁士军的防线。7点35分，太阳升起来了。那一天风很大，仅仅五个小时，让森和沙普兰便飞行了200多英里。他们决定在布里什－勃朗（Briche-Blanc）村附近降落。沙普兰放出气囊中的气。当地人立刻围了上来，询问他们是否来自巴黎，城市里的情况如何。

141

让森带上设备，乘上一辆专列来到南特（Nantes），再抵达图尔，法国政府也临时设在这里。在图尔，让森见到了包括甘必大在内的政府官员，并向他们转达了仍留在巴黎的官员们的口信。他不愿从陆路穿过普鲁士军的防线，或许也正是因为他知道口信的内容。

在图尔，有另一辆专列送他到波尔多（Bordeaux），然后再到马赛（Marseille）。在那里，他登上了一艘船，在日食发生数天前来到了阿尔及利亚的奥兰（Oran）。他搭好设备，演练如何指向望远镜、使用光谱仪，以及拍摄太阳的照片。可惜，日食当天（1870 年 12 月 22 日）下了一整天的雨。

洛克耶在西西里岛也没看到日食。他乘坐的皇家海军"普绪喀号"（Psyche）在航行到意大利那不勒斯湾时撞上了暗礁，所幸无人伤亡，设备也安然无恙，但船彻底毁了。洛克耶另寻陆路抵达了西西里岛，然而在日食当天，那儿的天空同样被云朵覆盖。结果，只有那些留在那不勒斯试图打捞沉船的人看到了日食——他们看得一清二楚。 142

第九章
日食追逐者

整个街道似在奔走

下一瞬——街道静止不动——

日食——占据了我们的窗口

而赞叹——充盈在我们的心中

——埃米莉·狄更生，写于 1877 年

在十九世纪的前半叶，当一艘船停靠在大港口时，大副会将船上所有的精密记时仪收集过来，拿到岸上的海军经销商处进行维修和校时。校时是指将记时仪与岸上的主钟比对，

143 看它每一天会快或慢多长时间。主钟根据经销商人昼夜的天文观测频繁校准。在纽约，最好的校时人是本杰明·德米尔特和塞缪尔·德米尔特（Benjamin and Samuel Demilt）兄弟。在费城，则有威廉·里格斯（William Riggs）和以赛亚·卢肯斯（Isaiah Lukens）。波士顿的负责人是邦德 & 索恩（Bond & Son）家族。如果船只来到了国家捕鲸船队的母港所在的楠塔基特（Nantucket）岛，大副会直奔威廉·米切尔（William Mitchell）的家，把宝贵的精密记时仪交给他。如果威廉·米切尔本人不在，大副会把记时仪交给他年少的女儿玛丽亚。

玛丽亚·米切尔（Maria Mitchell）是威廉·米切尔和莉迪娅·米切尔（Lydia Mitchell）夫妇的第三个孩子，于 1818 年出生在楠塔基特岛上。米切尔夫妇是公谊会（Society of Friends，又译贵格会）的教徒，该教会成员纪律严明，主张男女应受到平等的对待，平等地接受教育。在这种氛围下成长的玛丽亚对知识有着强烈的渴求。绝大多数教徒小组都强调学习《圣经》和相关语言的重要性，但在楠塔基特岛上，许多人日后注定要漂洋过海，于是公谊会教徒需要学习导航的基本原理，及其相关的学科——天文学。

米切尔刚刚识字时，便学会了如何看罗盘。尽管只是个孩子，她却已经明白钟表运作的原理，还知道时间与天空中日月的运动密切相关。她最早的一些笔记写在她的几本书上，包括布里奇（Bridge）的《圆锥曲线论》（*Treatise on Conic Sections*）、赫顿（Hutton）的《数学》（*Mathematics*）和鲍迪奇（Bowditch）的《美国实用导航》（*American Practical*

Navigator）。17 岁时，她成为了楠塔基特的图书管理员，这让她有了足够多的空余时间来阅读有关天体运行和天文的书籍。1847 年，使用父亲的高精度望远镜——由世界上顶级望远镜制作者之一、来自伦敦的约翰·多隆德（John Dollond）制作——她发现了一颗彗星，这也是人类第一次用望远镜发现了彗星。这一成就以及其他使用多隆德望远镜进行的天文观测，让米切尔在 1848 年被选为美国文理科学院（American Academy of Arts and Sciences）的荣誉会员*。

144

1865 年，一个富有的啤酒制造商马修·瓦萨（Matthew Vassar）计划在他的故乡——纽约波基普西（Poughkeepsie）开办一所女子大学。他最先着眼的教师之一便是米切尔，但觉得她太过于强硬，于是另想一招，委托一位名叫鲁弗斯·巴布科克（Rufus Babcock）的朋友约见她和她的父亲，来看她究竟是怎样的人。巴布科克找了一个晚上见过米切尔父女后，愉快地告诉瓦萨“玛丽亚小姐并非满脑子只有天文学的顽固女子”。那天晚上，她为来客准备了晚餐，并“操持了米切尔家中的所有家务，没有刻意地卖弄，也没有明显的力不从心”。于是，她被聘请为瓦萨大学的第一位教职员工。

马修·瓦萨为她制作了一个大望远镜，米切尔就住在天文台里。在瓦萨大学任职期间，她为整整一代女子教授了自

* 截至 1943 年，仅有四名女性入选文理科学院的会员。她们分别是天文学家塞西莉亚·佩恩－加波施金（Cecilia Payne-Gaposchkin）、心理学家奥古丝塔·福克斯·布朗纳（Augusta Fox Bronner）、拉德克利夫（Radcliffe）大学校长阿达·路易丝·科姆斯托克（Ada Louise Comstock）和作家薇拉·凯瑟（Willa Cather）。两年后的 1945 年，人类学家玛格丽特·米德（Margaret Mead）也被选为会员。

然科学，她的学生包括数学家、逻辑学家克里斯蒂娜·拉德（Christine Ladd）和麻省理工学院化学家埃伦·理查兹（Ellen Richards）。她坚持通过观察而非记忆来学习，不对学生评分，也拒绝点名。

对天文学尤其感兴趣的米切尔自然也热衷于观察日月食。12 岁时，她第一次对日食进行了观察。1831 年 2 月 12 日，一个日环食恰好经过楠塔基特上空。气温很低，但天空晴朗。她的父亲把房屋顶楼一个房间的窗户移开，架起了多隆德望远镜。玛丽亚坐在父亲旁边读秒。根据日食发生的时间，他们便可以确定这个房屋——校准船舶精密记时仪的地方——所处的经度。

145

米切尔测量日全食的下一次机会出现在她担任了瓦萨大学教职后的 1869 年。她叫来了七名学生，乘坐火车前往西边艾奥瓦州的伯灵顿（Burlington）。

* * * * *

在伯灵顿，引领科学发展的先驱是约翰·科芬（John Coffin），他是华盛顿特区航海年历办公室（Nautical Almanac Office）的主管。该机构隶属于政府，负责发布记载了日月星辰（包括行星和亮星）的方位与日月食细节的年历。根据年历，1869 年 8 月 7 日，日全食的轨迹将覆盖阿拉斯加和加拿大西部，从蒙大拿州斜穿大陆直到北卡罗来纳州。在预计天气晴好的艾奥瓦州，全食期间将持续近三分钟。

国会为日食观测拨款 5000 美元。来自达特茅斯学院

（Dartmouth College）（位于新罕布什尔州汉诺威）和利哈伊大学（Lehigh University）（位于宾夕法尼亚州伯利恒）的天文学家们搭上米切尔和她的学生们乘坐的列车，一起聚到伯灵顿的科芬身边。男士们准备拍摄并进行光谱测量，在第七街和埃尔姆街的交叉路口架起设备，那个位置如今摆有一块嵌着铜板的石碑以纪念他们的努力。米切尔和她的学生们出于某种原因，在位于伯灵顿西北方数英里外的伯灵顿大学学院（Burlington Collegiate Institute）的操场上摆好了她们的设备：三个精密记时仪和两台望远镜。科芬的女儿路易莎（Louisa）也随她们一同去了。

米切尔让一名学生站在学校楼顶上，观察月球影子在地面上的移动，以及周围景色的整体变化。另一学生被安排到附近一幢民居的楼顶，负责相同的任务。路易莎·科芬负责测量温度，剩下六名学生两两组队，一组使用小望远镜观察（米切尔用她的多隆德望远镜），另两组负责以半秒间隔报时。

146

日食开始前数秒，金星突然出现在太阳附近。米切尔听到牛儿们开始哞叫，看到萤火虫在树叶间飞舞。突然，日冕向外喷发，将暗淡的太阳围上一圈柔和的白光，并伴随有射流喷出。她记下了日珥的位置。有一个看起来呈螺旋状，像是微亮的天光。米切尔说出她看到的景象，另一名学生记在纸上。日食后，他们汇总了观测内容。逼近的影子将周围渲染成类似于暴风雨开始之前的样子，昏暗程度足以让所有人都看到萤火虫。一位叫雷诺兹（Reynolds）的小姐听到了蟋蟀鸣叫。日珥和日冕的形状也得到了详细记录。负责计时的学生报告食既的时刻比预测早了 23 秒，全食阶段持续的时间比预测长了 30 秒。

米切尔总结了她的工作，发表在公谊会教徒的杂志《智慧之友》(*Friends Intelligencer*)上。她首先简单介绍了一下日月食的基础知识，包括为何它们如此频繁出现。接着，她描述了 1869 年的那一天，气压计的读数上升，预示着天气晴好；科芬小姐测量到了温度下降五华氏度（约等于三摄氏度）；位于教学楼楼顶的布拉切丽（Blatchley）小姐看到不远处的密西西比河蒙上一层阴沉的颜色，鸟儿们飞到钟楼不停地拍打翅膀。但最重要的，是米切尔在总结的最后提到，一个人在日食期间众多不寻常现象环绕之中，仍然能做好分内的工作。

她引用了苏格兰天文学家查尔斯·史密斯（Charles Smyth）描述在挪威目睹 1851 年日全食时的情形，当时眼前的一切都是那么震撼，甚至令人忘记了本该做的任务，将宝贵的数分钟时间用于环顾四周。但米切尔向读者保证，她率领的“一队年轻的学生们”哪怕天摇地动也绝没有四处张望。她问：这是为什么呢？

147

她直言不讳：“因为她们是女性。”

* * * * *

聚集在艾奥瓦州伯灵顿的天文学家们绝非唯一一批抬头仰望 1869 年的日全食，计时、拍照并研究光谱的人。其他人分布在艾奥瓦州的得梅因、奥塔姆瓦和普莱森特山，伊利诺伊州的斯普林菲尔德，肯塔基州的路易斯维尔和谢尔比维尔。辛辛那提天文台台长克利夫兰·阿贝（Cleveland Abbe）来到位于达科他领地（Dakota Territory）的苏福尔斯市（当时被叫作达科他堡）小镇上观察日食。镇上到处都是废弃的兵营，还有六座有人居住的房屋，不过看到阿贝在观察贝利珠、日珥和日冕时，仍有数名当地的居民围了过来。

为了一睹日食而跑了最远距离的是华盛顿特区海军天文台（Naval Observatory）的阿萨夫·霍尔（Asaph Hall）。日食的本影带正好穿过西伯利亚和阿拉斯加中间的白令海峡南边。两年前，美国从俄罗斯手中买下了阿拉斯加，当时协议的条款中给出了白令海峡的纬度，以及其他一些地理位置点，但没有提到经度信息，因为尚无人对地球上这块地域进行过测量。霍尔的目标便是借助 1869 年的日食填补这块空白。

他乘坐蒸汽轮船，在 5 月 21 日从纽约出发，乘坐火车穿过了巴拿马地峡（Isthmus of Panama），然后再乘船，于 6 月 12 日来到了旧金山，之后开始了为期 17 天的准备，绝大多数的时间花费在了校准随身携带的 10 个精密记时仪上。6 月 29 日，他与其他官兵和水手等共计 160 名帮手一同乘上美国海军“莫希干号”（Mohican），离开了旧金山。霍尔选择了位于西伯利亚的普洛弗湾（今普罗维登斯海湾）作为目的地，因为那儿靠近日食本影带的中央线，而且是北太平洋中为数不多的几个好港口之一。海上的旅途持续了 31 天，船于 7 月 30 日抵达。霍尔花费了一天时间挑选合适的观测地点，最终选择了一片沙滩，并请船上的木匠帮他搭建了一个小的庇护所。

日食当天是西伯利亚时间的 8 月 8 日。清晨，天空一片晴朗，但云朵很快开始出现。等到月亮开始遮住日面时，空中已是乌云密布。直到一小时后，月亮完全从太阳前移开时，云朵才逐渐散去，至日暮时分，空中才再次完全放晴。“莫希干号”在当晚午夜启程离开，于 9 月 21 日抵达旧金山。霍尔在海上度过了 102 个昼夜，他的一系列努力在官方报告中总结为：“日食的观察未能如预期一般完美。”

* * * * *

如果说 1869 年的日食观测还只能算是个联欢活动，那么下一次，在九年后的 1878 年 7 月 29 日，对美国上空日全食的观测，则可以毫不夸张地称之为一场盛宴：大约有 100 名天文学家在 12 个不同的地点进行了观测。

日全食的路径再次穿过美国国土，只不过这次它从北到南覆盖了落基山脉的东侧，从怀俄明州的黄石到科罗拉多州中央的派克斯峰和博尔德、丹佛、科罗拉多斯普林斯等小镇，再经过俄克拉荷马州的印第安人保留地中一片干枯的草原、得克萨斯州东部，最后从加尔维斯顿和新奥尔良之间进入墨西哥湾离开。铁路公司向所有能证明自己是天文学家并且前去观测日食的人提供了半价优惠；报纸编辑则积极提醒读者，从高海拔地区空气清澈的位置观看日食具有显然的优势，至少在科罗拉多州，每一个天文学家都会“达到人生的一次高峰”。

天文学家如期而至，当地报纸称他们为“来自东边的聪明人”。美国海军观察所几乎倾巢出动，每个人都各自来到西部八个观测台站中的一个。海军观察所的阿萨夫·霍尔来到科罗拉多州的拉洪塔（La Junta）；爱德华·霍尔登（Edward Holden）则前往科罗拉多州森特勒尔城的一个矿山镇，并获准在一座三层楼高、共有150间客室的特勒家庭旅馆（Teller House Hotel）楼顶架设观测器材。随后，约翰霍普金斯大学的物理教授查尔斯·黑斯廷斯（Charles Hastings）和美国西点军校的数学教授埃德加·巴斯（Edgar Bass）也与他汇合。日食发生后的当晚，他们邀请当地居民来到楼顶，让他们一睹木星和其他星座的面容。

来自普林斯顿大学的查尔斯·扬（Charles Young）教授和数名即将毕业的大学生来到科罗拉多州的樱桃溪谷（Cherry Creek）；航海年历办公室的主管西蒙·纽科姆（Simon Newcomb）来到怀俄明州的塞珀雷申；马萨诸塞州阿默斯特学院（Amherst College）的天文学教授戴维·托德（David Todd）前往德克萨斯州的达拉斯。其他人则去了怀俄明州的克雷斯顿、科罗拉多州的拉斯阿尼马斯、泰勒县的梅利萨，以及德克萨斯州的威利斯。

宾夕法尼亚州阿勒格尼天文台的塞缪尔·兰利（Samuel Langley）等数人选择了派克斯峰。五天内，他们反复攀爬18英里的山路，将观测器材、帐篷、铺盖和食物搬到14000英尺高的山顶。山顶是一块平地，大约有数英亩宽，地面上满是尖锐的石块和碎裂的巨石，几乎无法抵御肆虐的狂风。更糟的是，他们在山顶安营扎寨后的头几天雨雪交加，偶尔还有冰雹，恶劣的天气让兰利不得不用荤油涂盖器材的金属部分，并用帆布包裹，以确保它们正常工作。一行人还饱受高原反应之苦，兰利写道“呼吸极度困难，心脏的跳动剧烈异常”。他们感到剧烈而持续的头痛，“几乎与晕船的症状如出一辙”。

150

对所有人来说，不论身在何处，旅途中的天气都是首要的关注点，也是他们聊天时的主要话题。《丹佛论坛报》（*Denver Tribune*）的编辑翻阅了他的报纸，发现最近六年来，7 月 29 日这天有四次是晴天，有两次是阴天，说明日食当天为晴天的可能性还是不小的。

在另一份记录中写道，美国海军观察所提前数月便准备好了 30 页的宣传册，向专业人士和一般公众介绍如何记录日食。对于那些试图进行素描的人，手册上建议他们使用 9 英寸宽 12 英寸长、中间事先画有直径 1.25 英寸的黑色圆形（表示被遮住的太阳）的标准纸张绘制。手册上还建议他们事先遮住双眼，并请另一人站在旁边，提醒日全食开始的时刻，然后再移开遮蔽物。在描绘时，画家应首先观察日冕的颜色，看它围绕太阳是形成一个均匀的圆环还是模糊而不均等的形状。画家还应注意红色日珥的位置和形状。日冕的绘制应尽可能迅速，包括亮光和暗条纹；然后再逐步添加细节，比如是否有分立的光线，哪条线是径向的，哪条线发生了弯曲。最重要的指示——而这一条几乎没有画家能做到——是他们不能画得过于仓促，否则画像的价值将受到损失。另，一旦全食阶段结束，原画像便不可被改动，任何其他画像都必须仅凭记忆绘出。

数百人遵照了这些指令，他们的成果如今被保管在马里兰大学帕克分校（Maryland College Park）国家档案馆（National

Archives）中旧军事记录区（Old Military Records Division）的数个盒子里。大多数画像都用铅笔绘制，有一些使用墨水，少部分是粉笔画，只有一张是油画。至少有十多张是完全由来到丹佛游玩的大学生们画的，他们在日食当天来到卡皮托尔山（Capitol Hills）上。为了辅助他们的工作，芝加哥天文协会（Chicago Astronomical Society）从当地一家剧院的负责人处借来了观剧眼镜和双筒望远镜，提供给学生们使用。

在日食带沿途的小镇上，到处都能看到庆祝活动。在科罗拉多斯普林斯，当地一家旅馆的经理雇了支乐队，在日食期间演奏贝多芬的曲目。在美不胜收的众神花园（Garden of the Gods）内一处壮观的红石阵区域，人们纷纷搭起帐篷，所有支付了 25 美分入场费的人都领到了一块烟熏的玻璃片。在公共区域，人们建造了木制平台，供游客聚集观赏日食。银行停业，商店也关了门，报社出版了“日食专辑”。约翰·埃默森（John Emerson）在数星期前发现了位于科罗拉多州莱德维尔的一处储量可观的矿脉，连他也停下了挖掘工作，跑到地面上仰望天空看了许久，为日食的壮观感到敬畏。

一队男女在日食当天早 7 点离开丹佛中央长老教会（Central Presbyterian Church），乘坐火车、摆渡和马匹，来到位于丹佛以西 40 英里处、沿着大陆分水岭的阿根廷关口（Argentine Pass）。下午 4 点半左右，站在那里，眼尖的人可以看到月亮的阴影正从西北迅速接近，高耸的山丘（朗斯峰和霍利克罗斯峰）接连陷入黑暗。紧接着，人群也被笼罩在暗影中，但南方远处的派克斯峰仍然闪闪发亮，不过也仅持续了数秒。两分半后，他们看到阳光重新照耀朗斯峰，然后是阿根廷关口，最后是派克斯峰。

在阿根廷关口的人们可能会好奇日食从派克斯峰看起来会是什么样子的。派克斯峰是落基山脉在这一段中最高的山峰，也是科罗拉多州最著名的地标之一。兰利公开了他的所有正式记录。

在山顶上，他原本计划一直躲在黑暗中等待全食阶段开始，152但因为需要给同行的人帮忙而不得不走出帐篷，结果当日食开始时，他的眼睛未能及时适应黑暗，事后他对此懊悔不已。

他首先注意到的，是日冕并没有他在1869年时看到的那般明亮，而是在日面周围形成一个狭窄的——只比一条线宽一点点——亮环。再往外，它的亮度急剧减弱，变成模糊的光晕，其中有几道细微的丝线沿径向延伸。这些线条伸展的长度相差很大，然而其中有两道方向相反的线条——兰利称之为“光线”（rays）——较为明显，似是从太阳上伸出的一对翅膀。兰利也正是因此而感到后悔：如果他的眼睛提前适应了黑暗，他就可以看到翅膀横跨几乎整个天空。

玛丽亚·米切尔也看了这次日食。她带着六名学生——据她描述，“都是优秀而诚实的女子”——来到丹佛修女医院（Sisters’Hospital）北部的一个观测站。“我们的营地靠近一所慈善组织的房子，穿着黑袍、面容友善的女子们出门迎接，为我们送来了提神的茶和刚烤好的面包。”她们架设了三台望远镜，包括多隆德望远镜。她叫一名学生辅助她记录；其余五人中的四人两两成对，各自负责一台望远镜；剩下的一人负责读秒。

日食开始前几分钟，米切尔要求学生们保持绝对安静。她们也看到了阴影从西北接近。“暗影迅速掠过山丘和山谷。”米切尔回忆那一幕景象，称仿佛是从天上降下一块黑色的帷幕，盖在平原与河川上。接下来，是长达两分四十秒的紧张工作。她们记录红色日珥的位置——“（它们）那么多，那么亮，如此壮观又变幻无常”——和日冕的形状。米切尔也看到了两个翅膀，她称其为“巨大的光辉”。

除了 1869 年米切尔的这份记录以外，在 1878 年之前，几乎没有任何出自女性之手的日食观察记录。但在 1878 年，这一状况被打破，有多份由女性描述的报告问世。安洁琳·霍尔（Angeline Hall）是阿萨夫·霍尔的妻子，她的观察记录被收录在政府官方的日食报告中出版*。在报告中，她也提到了长长的光线，以及日冕“柔白”的颜色。玛丽·伊斯门（Mary Eastman）是同属海军观察所的天文学家约翰·伊斯门（John Eastman）的妻子，她获准进入科罗拉多州拉斯阿尼马斯的马索尼礼堂（Masonic Hall）。她在二楼找了一个窗户正对着太阳的房间，然后把自己锁在屋子里，以确保完全隔离，不受打扰。随着全食临近，她注意到建筑的阴影变得如墨水般凝重。全食数分钟前，她“整体上看到”残留的日光似乎在摇曳。全食数

153

* 安洁琳·霍尔和阿萨夫·霍尔是一对有趣的夫妇。霍尔夫人曾在麦格劳威尔的纽约中央学院（New-York Central College）任教，那时霍尔先生跟随她学习数学。夫人热心于女权运动，经常与苏珊·B. 安东尼（Susan B. Anthony）通信。先生则以同样的热诚反对女权。一次偶然的机会，两人在海军观察所共事一段时间，进行天文计算，直到两人间围绕女人是否应获得与男人等同的薪水一事而爆发争吵。双方各执一词，在那之后，夫人再没有帮助丈夫进行数学计算。

秒前，日冕闪现，她形容为“阳光快速消失”。她戴上眼镜，仔细观察日冕，看到有两条巨大的光线从太阳中伸展出来。靠近日面的部分是成簇的亮光，有的看起来略微扭曲。望向地平线的方向，50英里开外，巨大阴影尚未覆盖之处蒙上了一层橘黄，仿佛宁静天气下的黄昏。阴影宛如硕大的盖子，从地面上迅速掠过。她重新望向天空，恰在这时阳光重新出现。她的报告同样被官方收录出版，其中小心注明她在写的时候“未向他人咨询；全食结束后立刻进行了记录，在写完之前没有与任何人相见，或交流讨论”。

玛丽·德雷珀（Mary Draper）或许本亦可给出日食的生动描述，但她是丈夫亨利组织的探险队中的一名成员（实际上，是唯一一名女性成员）。亨利是约翰·德雷珀之子，后者在许多年前拍摄了第一张月面的照片。玛丽与亨利既是夫妻，也同为天文学家，二人经常在位于纽约市以北约20英里的哈得孙河畔黑斯廷斯的家中观察并拍摄夜空。实际上，他们在婚礼当天便来到纽约市，为准备制造的望远镜选购镜片。在夜间工作时，玛丽准备湿火棉胶底板，而亨利操作望远镜，拍摄相片。据说二人从未分开独立进行过观测。

154

1878年，他们来到怀俄明州罗林斯县——一个仅有800余人口、却通有铁路的小镇——来拍摄日食。同行的还有另外两名男子，一人是宾夕法尼亚大学的化学家乔治·巴克（George Barker），另一人是新泽西州霍博肯史蒂文斯学院（Stevens Institute）的院长亨利·莫顿（Henry Morton）。四人分工明确：莫顿负责架设并对准望远镜，亨利·德雷珀负责拍摄，巴克负责准备湿火棉胶底板，而玛丽·德雷珀负责在日食期间大声读秒。

在那个年代，绝大多数人们仍认为男女之间存在不可消弭的差异：男人刚毅而理性，女人则被动且感性。由于日食观测任务需要所有人齐心协力且无人分心于周遭不寻常的景象才能完成，众人一致认为玛丽·德雷珀应该待在帐篷里“免受景色打扰”。他们实际上也这么做了。她与丈夫密切共事多年，还与他一同长途跋涉，并且明知天空晴朗，然而在1878年日全食发生时，她所经历的只是围绕在身旁的数分钟黑暗。

对于许多天文学家——霍尔、纽科姆、兰利、米切尔——来说，1878年的这场日全食是他们生平看到的最后一场。日全食下一次出现在美国上空将会是在1889年，到那时，这些美国天文学的先驱者们早已年迈，无力踏上追逐的旅途了。

155

但，正所谓长江后浪推前浪，下一代中已经有人迫不及待地要见见世面了，一类新的旅行家——日食追逐者也由此诞生。然而在其中，最著名的追逐者并非天文学家。她的名字是梅布尔·卢米斯·托德，当时最著名的公共讲师之一，也是马萨诸塞州阿默斯特学院一名天文学家的妻子。

* * * * *

梅布尔·托德的人生中最关键的一天是1881年8月31日。这天，她与结婚刚两年的丈夫搬到了马萨诸塞州乡村一个叫作阿默斯特的地方。那年她24岁，精力充沛，野心勃勃，刚刚告别童年住所华盛顿特区缤纷多彩的社交生活——据她回忆，小时候周围“尽是杰出的科学家和作家”。与之相对，阿默斯特是一个宁静的学院小镇，人口仅数千，其中大多数已年迈，妇人们追求安逸，着装也以暗色调为主。晚 6 点准时进餐，跳舞或唱歌的人寥寥无几。梅布尔·托德在她到达阿默斯特的第一天写下日记:“天啊，我真是糊涂到家了（竟然来了这么一个地方）。”

她之所以来到这儿，是因为她的丈夫戴维·托德接受了阿默斯特学院天文学教授的职位：学院的院长许诺送给他一台望远镜——只不过这个诺言迟了 25 年才得以兑现。在这期间，他只好使用手头的一个小望远镜。梅布尔·托德很快便融入了当地的社交圈子，圈子的中心则位于狄更生的宅邸。

奥斯汀·狄更生（Austin Dickinson）体格庞大，古铜色的头发乱蓬蓬，打扮却是一丝不苟。他是这一片地区里数一数二的律师，也是阿默斯特学院的受信托人和财务主管。1882 年 9 月 10 日，托德一家在搬迁到阿默斯特一年多后，受邀拜访狄更生一家，认识了奥斯汀的妻子苏珊（Susan）和他的妹妹拉维尼娅（Lavinia）。晚上，梅布尔应邀演奏钢琴并唱歌。在她的即席独唱会结束后，一位女仆为她呈上一杯雪利酒和奥斯汀的另一个妹妹埃米莉·狄更生（坐在另一个房间里）写的一首诗*。

156

“她写的诗非常奇怪，但又十分精妙。”梅布尔后来回忆。她对埃米莉·狄更生的评价影响了后人的观点。托德在给母亲

* 虽然尚无确证，但有些学者认为当晚送给梅布尔·托德的那首诗的开头为：“极乐之地就藏在眼皮底下的房间里”（Elysium is as far as to / The very nearest Room）。

的信里写道：

> “我得告诉你这个阿默斯特里**最有个性的人**。人们称她为**神秘女郎**。她是狄更生先生的妹妹，也是他们一家里顶顶奇怪的人。十五年来，她从未跨出家门一步，只有一次是在半夜偷偷溜出来，乘着月色去看附近新建的一座教堂……她的诗写得很漂亮，但**从没**有人见过她。”

接下来的数年里，托德频繁造访狄更生的家中，为他们演奏钢琴并唱歌，借机与埃米莉互递字条。两人偶尔会有一些交谈，托德借此逐渐熟悉了她的嗓音，却只能待在客厅里，而隐居的诗人则站在昏暗的走廊中不现身影。

托德与狄更生之间的故事还有太多太多。梅布尔·托德与奥斯汀·狄更生很快陷入热恋中，阿默斯特的几乎所有人都对此心照不宣。两人间往来的书信和字条上的留言至今仍能激起最纯洁的人心中的悸动。而戴维·托德也有了外遇，其中据说包括正值青春期的少女。托德夫妇彼此容忍对方的行为。奥斯汀的两个妹妹拉维尼娅和埃米莉对这些关系往来的看法并不清楚，因为两人（尤其是埃米莉）都过着接近隐居的生活。苏珊·奥斯汀表示反对，尽管她对此已无能为力，但有一天晚上她当着奥斯汀的面大发雷霆，用指甲抓挠墙上的壁纸至几近毁损，他们不得不更换了壁纸。

157

1886 年 5 月，埃米莉生病了，梅布尔将大部分时间花在狄更生的家里，陪伴照料着这位邻居。5 月 15 日，梅布尔在日记里写道："埃米莉就要离开了。这几分钟真让人难过。"就在那一天，伟大的诗人永远停止了呼吸。

葬礼于四天后在狄更生家中举行。出席的人很少，梅布尔是其中之一，由奥斯汀陪同。据同样出席的一位邻居回忆，托德夫人"一袭黑衣，面容枯槁，似是失去了一位挚友"。这也是梅布尔第一次见到埃米莉的面容，她简单形容为"美丽"和"富有诗意"。一些从远处观看了葬礼的人还记得那口棺材小得出奇。

埃米莉·狄更生的死在许多方面都改变了梅布尔·托德的人生。她和奥斯汀继续缠绵，然而奥斯汀因悲痛而逐渐对生活失去欲望，梅布尔只好重新转向她的丈夫。这不是为了满足性欲，而是当一个人突然失去重要之物时的一种反应和诉求。梅布尔和戴维·托德夫妇开始旅行，他们的第一站选择了日本——去看一场日全食。

两人乘坐火车，于 1887 年 6 月 9 日离开了波士顿，以最快的方式赶到了日本：乘坐加拿大太平洋铁路来到温哥华，英属哥伦比亚，然后再乘船到横滨。他们在日食前六个星期的 7 月 8 日抵达目的地。在经过慎重考虑后（比如是否易于搬运器材，天气是否可能足够晴朗），戴维·托德选择了东京向北约 100 英里处平原中一个叫作白川的村庄，作为观测地点。他搭好望远镜和照相机，并反复检查。梅布尔·托德的任务是绘制日冕，试图画出 1878 年日食时看到的那一对翅膀。然而她的丈夫在后来的正式报告中写道："在白川进行的日食观测工作令人失望至极。"

全食阶段于那天下午3点左右开始。直到下午2点，天空还是一片晴朗。但半个小时后，西边的天空中出现了一缕细烟，并开始向东边扩散，覆盖了白川的上空。烟云源于25英里外一座火山的喷发。梅布尔·托德也看到了那团具有威胁性的云，她评估状况称“我们的‘庞大敌军’悄悄地聚集起来了”。又过了半个小时，整片天空都被烟云遮蔽。全食出现，四周陷入黑暗。“死亡一般的沉寂填满了……小镇和整个乡村，”她写道，“没有人说话，连空气也凝固不动，仿佛大自然在为我们的痛苦和忧虑表示同情。”她想到与丈夫一同跨越的8000英里山川湖海的旅程，以及“小心翼翼地带来的重达数十吨的望远镜，还有为期数周的精心准备”。梅布尔写道：他们信任自然，然而自然却辜负了他们。

回到阿默斯特后，梅布尔收到了一份意外惊喜。在埃米莉·狄更生去世后不久，她的妹妹拉维尼娅找到了一个盒子，里面装着40首埃米莉写的诗，它们写在用折叠的信笺纸手工缝制的手工记事本上。（在埃米莉生前，只有七首她的诗作得到发表，且均为匿名。）拉维尼娅虽不知道姐姐在诗歌方面的才能，却坚信这些都是优秀的作品，应该公诸天下。她一开始求助于嫂子苏珊来编辑整理这些诗作，但苏珊不知该从何着手。于是拉维尼娅去找已发表过作品的诗人、散文家托马斯·希金森（Thomas Higginson），后者与埃米莉保持了多年的书信交流。希金森回复称自己眼下暂无暇承担这个艰巨复杂的任务，同时担心埃米莉的遗作可能不够一本书的内容。拉维尼娅只好抱着最后的一丝希望来找到梅布尔。她能胜任这个工作吗？

一开始，梅布尔也不太情愿。她本人也是一名作家，于1883年出版了小说《足迹》（*Footprints*），其中讲述了一个年轻女子爱上了沉默孤独的男人的故事。（读者显然可以将此与她和比她年长27岁的奥斯汀之间的关系进行对比。）她很清楚为了出版准备手稿是多么困难的一件事。当拉维尼娅找上门的时候，她正在为一本杂志撰写关于日本之行和日食的文章。她还担心埃米莉诗歌非传统的风格可能会令读者敬而远之。但奇怪地，她竟被那些诗歌吸引，最终答应了下来，还说服了希金森一同进行整理工作。

159

在接下来的数年里，梅布尔每天早上都要花费三到四个小时，用一台打字机抄录那些诗作。拉维尼娅则是找到了更多的作品，有的时候她会一大早带着箩筐来到托德家，筐里满是新找到的作品。与此同时，梅布尔设法挤出时间继续为杂志撰写文章，每月还定期为《家庭杂志》（*Home Magazine*）提供专栏稿件。她还周游新英格兰，举办讲座，向人们讲授天文学的知识，以及埃米莉·狄更生的诗作。1896年，她完成了三本诗集的整理，包括埃米莉与其他诗人来往的信件。她还写了一本科普读物，名为《日全食》（*Total Eclipse of the Sun*）。在完成了这一系列的整理和写作工作后，梅布尔重新开始追逐日食。

1896年8月9日，她和戴维来到日本北海道，再次因云朵的遮挡而未能看到日冕。不过，两人下一次的旅行大获成功。

1900年5月28日，他们再次带上了沉重的望远镜和照相设备，在北非城市的黎波里观看了日食。他们在英国驻的黎波里大使馆的楼顶架设了器材。两人事先招募了助手，并训练他们如何计时，怎样记录贝利珠。日食当天早上，梅布尔从迷雾和风暴的噩梦中惊醒，发现天空澄澈如洗，一派晴朗。

白天，气温迅速上升，白色建筑在阳光下闪亮得刺眼。人们担心在如此高温下，机械设备可能无法正常工作。

160

全食开始数分钟前，梅布尔环望整个城市。目力能及的每一个屋顶上都站满了人，甚至连宣礼塔上也站了人。街道上人头攒动。

梅布尔的任务是发现阴影带（shadow bands）。全食开始前十分钟，阳光只从露出极窄的一条缝中射出，她看到地面上出现细细的明暗条纹并迅速掠过，快于人的步行速度。当日冕出现的刹那，整座城市立刻安静下来；下一瞬，屋顶上、街道上的人群纷纷将双手举向太阳，梅布尔听到他们在进行祷告。她抓过一本素描簿，画下了日冕和数条代表分立细丝的线条。黑暗持续了 51 秒，然后“一条比针还细的阳光重新出现，照亮了整个世界”。全食部分结束了，

事后，她记录当时的感受：

> 我至今仍不敢确定目睹了一场日全食的遗韵是否完全消散。好几天来，这个印象平静又异常生动，令我久久无法忘怀。我曾如此靠近自然巨大无比的力量，以及它令人难以置信的表现；在它们面前，个人、城镇、都市、憎恶、嫉妒，甚至平淡的希望，都显得那么渺小，那么遥远。

*　*　*　*　*

托德夫妇并非当时仅有的日食追逐者。诺曼·洛克耶（Norman Lockyer），氦气的发现者，组织进行了八次日食观测。哈佛学院天文台（Harvard College Observatory）的威廉·皮克林（William Pickering）进行了 5 次。加利福尼亚州利克天文台台长威廉·坎贝尔组织了 9 次，其中包括 1914 年奔赴俄罗斯进行的一次。其中大约有一半的观测中，天气晴朗，日冕清晰可见。史密森协会（Smithsonian Institution）的查尔斯·阿博特（Charles Abbot）总共见过 6 次日全食，只有 2 次因天气不好而错过。然而托德夫妇更为惊人：梅布尔·托德在写作和向公众讲授日食的闲暇间（她挣的钱足够她在 1905 年组织一场行动重返的黎波里进行观测）共参加了 7 次观测行动，看到了 3 次日冕。戴维·托德共参加了 12 次，其中有 7 次天气良好。直到二十世纪七十年代，越来越多的人可以乘坐喷气式飞机旅游，他的这一纪录才被打破 *。

161

如此众多的观测行动，带给人们的不仅仅是漂亮的日面照片和被遮住的太阳。梅布尔·托德是一位艺术收藏家，她在旅途中收集的绝大多数艺术品都捐赠给了耶鲁大学的皮博迪博物馆（Peabody Museum）和马萨诸塞州塞勒姆市的皮博迪埃塞克斯博物馆（Peabody Essex Museum），其中包括来自日本的编筐

* 如今，个人看过日全食次数最多的记录由威廉斯学院（Williams College）（位于马萨诸塞州威廉斯敦）的杰伊·帕萨乔夫（Jay Pasachoff）保持：他共看了 33 场日全食，并累计在月亮的阴影下站立了 1 小时 22 分 17 秒。

和陶器，以及来自的黎波里的衣饰。她还写了许多在亚洲、非洲和南美洲旅行时的所见所闻。除此之外，她还开创了许多第一：她是第一位登上日本富士山山顶的西方女性，也是第一位获准许拍摄位于闺房中的穆斯林女性的人。

若深入阅读她和她丈夫以及其他许多人写下的观测行动记录，我们将发现更多，例如，日月食在民俗中占据了怎样的地位，以及来自不同文明的人们看到天上的太阳突然变暗时会作何反应。

162

第十章
钥匙和定音鼓

日月即为兄妹，犯下乱伦之罪。

——选自切罗基（Cherokee）神话

科学从来不是日月食的一切，古怪而不寻常的壮观景象自然也不是。日月食激动人心之处在于，当人们看到最可靠最稳定的光源和热源——太阳——突然消失不见时，究竟会做何反应。

我必须坦白，每当日月食开始之前，我的心中总会有一丝不安。尽管我很清楚自己生活在一个可以精确预测日月食发生时刻的年代，可每次月亮即将开始蚕食太阳时，还是忍不住担心接下来的一切是否真的会发生。于是我也理解了为何古时候的人看到太阳消失会感到震惊而迷惑，为何他们认为其背后必定有某种巨大的力量在驱动，以及为何他们感到必须要采取某种措施。

看到太阳或月亮消失不见，史前人类给出的最常见的解释是：它们被某种巨大的宇宙恶魔吞噬了。北美的切罗基人说吃掉太阳的是一只巨蛙；埃及人说那是一条蛇；南美丛林里的居民认为那是令人胆寒的美洲豹。在澳大利亚，人们曾认为引起日食的是一只从太阳前方飞过的巨大黑鸟；在委内瑞拉岸边的小岛上，人们说那是一个叫作玛伯亚（Maboia）的人形恶魔。

类似的例子还有很多很多。至于人们是把它当作事实还是隐喻来接受，则有待文化人类学家和宗教学者们研究。我们关注的是，人们对待日月食的方式表现出了高度的一致性，其中均包括发出巨大的响声来驱逐恶魔。

事实上，在漫长岁月里，这也的确是全球各地所发生的事情。罗马历史学家塔西佗（Tacitus）告诉我们，一群密谋颠覆提比略（Tiberius）皇帝的人看到一场月食后，误以为行动受挫而感到沮丧，于是开始大声敲打铜板，吹起喇叭，试图驱走黑暗。在古代的中国，发生月食时，女人们会敲打铜镜，以驱赶被认为是吞吃了女性月亮的黑狗。贝尔纳迪诺·德萨哈冈（Bernardino de Sahagún）是一位西班牙的牧师，在欧洲征服者之后写下了十六世纪的历史，他描述了阿兹特克人在一场日食中爆发的混乱：“粗野的人们扯着嗓门大声叫喊，到处都是吼

164

声和尖叫。”詹姆斯·阿代尔（James Adair）在奇克索（位于今美国东南部）居住了40年，他在著作《美国印第安人历史》（*History of the American Indians*）中记述了1736年的一场月食中，人们开枪、喊叫、敲打水壶、摇铃，发出了“人类所能制造出的最恐怖的噪音”。1917年，英国军官T.E.劳伦斯（人称“阿拉伯人劳伦斯”）趁着一次月食带领贝杜安军队成功包围了亚喀巴城（Aqaba）——他知道守军会陷入敲锣打鼓开枪鸣炮的吵闹中，而不会察觉到他们的行动。

我一直认为，人们对日月食的反应源于根植在大脑最原始部分的某种本能。我这样说，是因为每当看到日月食时，我经常会陷入震惊而一言不发；其他时候，我则会不由自主地提醒自己：你所看到的不过是一种易于解释的自然现象罢了。我的反应看上去不自然且不合理，可是与我感同身受的人却有千千万万。

我想引用两位当代作家目睹日食后的感受。安妮·迪拉德（Annie Dillard）于1979年看到了一场日食，她形容当时自己“像是在逐渐死去”，感觉“整个世界都不对劲”。全食出现时，“天空仿佛一个巨大的镜头盖遮住了太阳”；同一时刻，“大脑的舱门也砰然紧闭”。达瓦·索贝尔（Dava Sobel）于1991年乘坐游轮来到墨西哥的岸边时，在月亮的影子下待了足足七分钟，这几乎是一个人能被月影遮挡的极限了。她记得那一幕和那一刻的感受：“喉咙里仿佛被什么堵住一样，我不得不用力保持正常呼吸。”当时她正握着同伴的手，她能感觉到那只手在发颤。老练的观日者、太阳观测站（位于新墨西哥黑子村）站长杰克·泽科尔（Jack Zirker）曾给出更为简练的叙述：1980年，他曾远赴印度观看一场日全食。他架起自动跟踪相机，以进行一系列连续的曝光，事先也演练了多次；然而当他抬起头，看到天空中发生的壮观一幕时，也仍然不由得惊呼："天啊！那简直是上帝的眼睛。"

165

法国人类学家克劳德·莱维-施特劳斯（Claude Lévi-Strauss）曾给出较为广泛而理性的临床分析，来解释人们在日食期间为何会变得不理性。他在1964年出版了一本开创性的书《生肉和熟肉》（*The Raw and The Cooked*），其中写到有文化的人和所谓原始人的思维并无本质区别，并讨论了看到日月食时的反应与其他人类活动之间的关联，尤其是将日月食期间发出巨大噪音与许多来自不同社会的人在看到一场不得体的婚姻后的反应联系在一起。

他举出一些例子，如年龄相差悬殊的两人结婚、为了社交地位或金钱而结婚、与外国人结婚、与近亲结婚等，这类结合通常被认为不利于社会健康稳定。据莱维-施特劳斯说，当时一种常见但非正式的表示不满的方式，是在新婚夫妇的家外发出嘲弄声。他还通过另一个耳熟能详的故事——日月食与乱伦——来证明自己的观点。

这个故事在美洲大陆广为流传，从巴西南部到白令海峡，在亚洲北部和东部以及马来群岛也常能耳闻。它讲述了太阳和月亮的来源。尽管各地不同版本之间存在细微差别，但大体上如下：有一个哥哥追捕妹妹，妹妹逃到了天上变成太阳，不甘心的哥哥则变成了月亮。每月，当二者靠近时，哥哥都试着强奸妹妹，月全食发生时血红的颜色便是其证据。作为报复，妹妹用危险的液体沾染哥哥的脸，这便是月亮上暗斑的来源。正如人们在地面上看到不得体的婚姻时发出叫声嘲讽一样，看到日月食期间天上发生的淫乱罪行，人们也要试着阻止它。至少，这就是莱维－施特劳斯找到的关联：日月食**就是**一种乱伦，**是**宇宙试图打破社会秩序的尝试。 166

不论是否认同他的说法，我们如今的确保留着一些习俗与仪式，笃信这些做法能保护自己免受日月食的邪恶影响。其中一种较为和缓的做法是把盆钵倒扣，并盖住水井，以免日月降下的毒雨污染其中的水。此习俗广泛见于日本、加拿大育空和德国南部。另一种做法是在月食的黑暗中收集药草，人们认为暗淡的红光会增加它们的疗效。莎士比亚在《麦克白》中也描写了三名巫女在酿造啤酒时使用类似的材料，其中包括“在月食中切碎的几条紫杉木”。

最常见的仪式之一便是保护孕妇。在拉丁美洲的绝大部分，包括美国南部，怀孕女子腹部的衣服上会贴一个金属的钥匙或安全别针，以防止日月食导致的流产。钥匙或别针还起到避免胎儿唇裂的作用——人们认为那是当月亮从太阳面前经过时“咬”下一口而形成的残缺。此习俗源于阿兹特克人（或许更早），他们使用黑曜石的碎片放在孕妇的嘴上或腰带内，以保护其免受日月食的侵害。如今，为了保护胎儿的安全，人们会在孕妇的家中灌满一壶水，然后把一个铁剪刀打开呈十字，垫在壶底。

在日月食期间是否应进行性行为的问题上，南太平洋的居民和古罗马人之间形成了鲜明的对比。对于前者而言，日月在天空完全重合、群星闪现之时，相当于宇宙进行交配，即生殖行为本身，于是所有人都应加入这一行列。与之相对，根据罗马自然学家老普林尼（Pliny the Elder）（他编纂了世上第一部百科全书，也为西方思想奠定基调长达千余年）记载，在日月食期间的性行为是最不该做的事情之一。他写道："在如此不健康的时间与女人结合，必将给人带来致命影响。"值得一提的是，老普林尼还写道，如果处于经期的女性绕麦田走一圈，那么附在麦秆上的蛹、蠕虫、瓢虫等害虫都会掉落下来；触碰处于经期的女性还可治疗痛风或被疯狗咬伤的伤口。

167

在古代的印度，人们曾在日月食期间自焚，作为超度的一种方法。其证据便是印度南部有千余个石碑记录着这一行为，它们的历史可追溯到公元前三世纪。到了现代，在 1995 年的一场日全食中，有超过 50 万名虔诚的印度人来到圣湖或圣河边，冲被蚕食的太阳低头朝拜。这个做法源于印度史诗《摩诃婆罗多》中的一句箴言："在日食中清洗或施舍，方可达到真正的超度。"

日月食期间的仪式绝不是小众而短暂的行为。它们的程序可以相当复杂，并且长达数天之久。

在美索不达米亚的乌鲁克城（今伊拉克境内），为了月食而举行的活动可分为两个部分：一部分是在月食期间进行的仪式，另一部分是在次日。参加者不仅是神职人员和皇室成员，也包括所有百姓。完整的仪式必须包括念诵特定的祷文、长时间哀悼和供奉祭品。人们从仓库中拿出硕大的铜质定音鼓，安放在城门边，由一组神职人员演奏。另一组人在城门边燃起巨大的火堆，并保证其在整个月食期间保持不灭。同时，第三组神职人员会反复念诵特定的祷文，请求上天不要降下瘟疫、饥荒或坏天气使民众受难。主办方鼓励一般民众聚集在一起，但他们必须戴一顶头饰，并且只能在说完特定的祷文后才能摘下。士兵也参与进来，在仪式的某一时刻，士兵们的身体要被一种特殊的泥覆盖，他们的剑则用悬带挂在后背上。一旦月亮完全脱离了地球的阴影，便要立刻停止演奏定音鼓、熄灭大火，火堆的余烬要被带到附近的河边，人们在那里将更多的符咒献给上天。月食翌日，整个活动要重复一遍，以确保城市和居民的安全。 168

此类复杂的活动和仪式不仅限于高度结构化的城市文明。住在加拿大不列颠哥伦比亚省内贝拉库拉河畔的小部落里的人们会举办为期三天的庆祝活动。活动由一位女性主持，她代表了月亮的精神；人们将脸部涂黑，象征被遮住的月亮。这也是他们举办的仪式中最神圣的一个；如果哪个部落的舞者拒绝参加，将很可能受到死亡的惩罚。

最后一个例子源自塞拉诺人，他们是住在加利福尼亚南部圣贝纳迪诺山和圣加布里埃尔山之间峡谷里的居民。日月食发生时，他们会举办持续数天的仪式。当有人看到太阳或月亮被蚕食时便会高声大叫，其他人旋即跟着叫喊。然后，众人聚集在举办活动的房屋里，部落的萨满（shaman）随着歌声起舞，任何人都可以跟着唱歌或跳舞。塞拉诺人认为日月食由死人或将死之人的魂灵引发，于是萨满在跳舞时还会仔细观察人群，看谁的魂灵即将离开，最终决定可以离开的魂灵，并通知那些不幸的人他们即将死去。与在其他文明里的观念一样，塞拉诺人也认为日月食的阴影含有毒性，于是在日月食期间，所有人都不得触碰任何食物。黑暗过后，人们冲洗身体，并喝下用事先调制的药草煮成的饮品以进一步净化身心。最终，所有人聚在一起用餐，以示开斋。

* * * * *

人类或许是在日月食期间最吵闹的物种，但绝非唯一一种会对日月食做出反应的生物。人们早已知道鸟类在日全食期间举止反常。最早的记录来自捷克占星家西普里亚努斯·莱奥维修斯（Cyprianus Leovitius），他在1544年看到“黑幕降临，周遭暗如黄昏，鸣叫的鸟儿们也噤声不语”。人们多次观察到这一现象，反映出鸟类对光照变化的敏感性。美国发明家托马斯·爱迪生（Thomas Edison）很快便尝到了这一教训。

169

爱迪生参加了1878年前往怀俄明州罗林斯的日食考察队。在这前一年，他因发明了留声机而声名远扬；这次，他想在日食领域做出同样名载史册的事情。于是，带着满腔的发明热血，他制造出了一个新型科学仪器——“微压计”（tasimeter），该词源于希腊语“测量万物”。仪器的用途是确定日冕的温度。当爱迪生完工时，距离考察队出发只剩了两天。

这个仪器相当精细，爱迪生需要一个僻静阴凉的地方来架设。日食当天，他找到一个开着门的空棚，正好可以一览无余地观看日食。爱迪生独自待在棚里，看着月亮一点一点遮盖太阳。待到全食开始，他正要动手进行测量，忽然一群小鸡冲进棚里，在这位惊慌失措的科学家身边和头顶上蹿下跳，彻底打乱了他的工作。原来，爱迪生选择的这个棚屋是一个鸡舍，看到突然降临的黑暗，鸡舍的居民急忙赶了回来。

在日全食之前和期间，人们观察到了许多动物的举止不同平常。全食期间，蟋蟀会开始鸣叫，当日光重现时停止；蜜蜂会停止采蜜，回到蜂箱，来不及回去的则会持续飞行或降落在草坪上，直到周围恢复明亮；忙于搬运食物的蚂蚁则会静止在原地不动，等到全食结束再恢复工作；蝈蝈、蜻蜓、蝴蝶和蠓虫会降落到地面上，等到黑暗过去再起飞。

青蛙会开始呱呱鸣叫；蟾蜍突然活跃起来，到处跳跃着寻找虫子。当太阳重新出现后，它们便会回到白天平静的状态。连微小的浮游生物也会做出反应：它们浮上水面，一如夜晚降临。 170

溪鳟鱼、金鱼、鲈鱼、白石鮨——这些只是人们观察到的鱼种的一小部分。鳟鱼、鲈鱼和鮨的反应与夜晚降临时相同，它们停止进食，潜到水底；然而金鱼则不同，似乎对黑暗没有反应。

但到目前为止，人们看到最多的还是鸟类。爱迪生无意间发现雏鸡回巢；火鸡、鸭和鹅原地打坐；夜莺等鸣禽停止歌唱；猫头鹰和夜鹰开始狩猎。诸如金丝雀或鹦鹉等被关在笼子里的鸟儿们则显得焦虑不安，表示它们感到紧张或迷惑。趁着 1932 年一场覆盖了马萨诸塞州、新罕布什尔州和缅因州的日全食，人们对鸟类的行为进行了一次集中的研究，共有数十名观察员参加。结果显示，直到太阳表面的 98% 或更多被遮挡住时，鸟儿们才会有所反应。

总的来说，狗和猫对降临的黑暗似乎并不关心。同样没有反应的还有海豹、兔子、鹿、绵羊、大鼠、沙鼠和田鼠等。住在树上的蝙蝠会离开栖息地猎食昆虫，而住在洞穴里的蝙蝠则毫无疑问地不受影响。当天空明显变暗时，牧牛开始动身走回仓房；马则是无动于衷。不过，灵长目动物的活动变化却是显而易见。

嚎猴会开始嚎叫，它们显然是认为太阳要下山了。恒河猴会停下手中的一切动作，并抱在一起。而黑猩猩的反应显然是经过了深思熟虑的。

1994 年的一场日环食中，人们在佐治亚州亚特兰大市的灵长类动物实验中心里，观察到一组被捕获的 16 只黑猩猩，其中有 7 只幼仔和未成年、8 只成年雌性和 1 只成年雄性。在某一时刻，日面的 99.7% 都被月亮遮住，只留下一圈明亮的外缘。171 在食甚的约十分钟前，所有的未成年和大部分的成年雌性黑猩猩都爬到一个建筑的顶部。随着日食进行，剩下的黑猩猩也爬了上去。坐在顶部的黑猩猩们全部面朝太阳，某一时刻一只年幼的黑猩猩站了起来，冲太阳和月亮比划某种手势。当日食结束，阳光逐渐变得明亮，黑猩猩们开始接连爬下来，十分钟后便全部回到了地面上。

黑猩猩的这类行为，不论是在日食之前还是之后，甚至在黄昏时分熟悉的黑暗笼罩整个亚特兰大灵长类动物实验中心时，都从未被观察到。这不由得让我们思考：我们的祖先看到日食时，究竟做出了怎样的反应呢？答案将永远无从知晓；但站在月亮的阴影里仰望天空，感受到一股难以名状的担忧时，我们或许能够得到一丝启示。

* * * * *

至于植物在面对日食带来的突然黑暗时如何应对，至今尚无定论。银莲花、龙胆属、含羞草和番红花似乎都完全合上了花瓣。不过，在 1851 年出现在瑞典的日全食中，有人发现一株紫罗兰（night violet）释放出它在夜间散发的香气。

* * * * *

然而，有数次日食间接地影响了美国历史的进程。第一次发生在 1806 年，《美国实用导航》（为测量员和船长撰写的必要航海和天文知识简明读本）的作者纳撒尼尔·鲍迪奇（Nathaniel Bowditch）在位于马萨诸塞州塞勒姆的家中舒适的私人花园内看到了这场日食。塞缪尔·威廉斯（Samuel Williams）在 1780 年因革命战争未能在缅因州看到日冕，1806 年则在自己位于佛蒙特州拉特兰县的家中看到了日食。威廉·克兰奇·邦德（William Cranch Bond）这一年 17 岁，他从位于波士顿的自家房顶观看了日食。宏伟壮观的奇景勾起了他对天文的兴趣，他本可以就此继续成长，成为哈佛大学天文台（Harvard College Observatory）的首任台长，教导美国下一代天文学家

172

的。这次日食的观测以及其他天文观测极大地激发了他的好奇心，他甚至建造了一个客厅天花板上带有遮帘的房子，以便自己和客人使用望远镜研究夜空。尽管这次日食吸引鲍迪奇、威廉斯等人进行了一系列科学观测，也影响了年轻的邦德，但它在历史上真正的重要性，则体现于西部一个当时被称作印第安纳领地（Indiana Territory）的地方，并于五年后在名为蒂珀卡努（Tippecanoe）的地方画上了句号。

1806年，统领印第安纳领地的是一个名叫威廉·亨利·哈里森（William Henry Harrison）的退休将军，他受美国总统托马斯·杰斐逊的任命，试图尽可能多地控制那片领地。哈里森通过缔结一系列条约，从当地居民的手中以很少的代价，或是不费分文地取得了土地，这必然导致了他与当地首领，尤其是肖尼（Shawnee）部落的头领蒂卡姆西（Tecumseh）及其弟弟滕斯克瓦塔瓦（Tenskwatawa）之间的冲突。

1805年，一生嗜酒的滕斯克瓦塔瓦数次看到幻象，这促使他督促同部落和其他部落的人们戒酒，并彻底洗净白米带来的一切影响。他和蒂卡姆西在今印第安纳州格林维尔建立了一个社区，并在那里继续布道。哈里森察觉到这个如今被称为“伟大的肖尼先知”的男人日益增长的影响力，于是在1806年春发出挑战书给所有追随滕斯克瓦塔瓦的人：“我要他证明，他的确是上帝的信使。”书中写道：

> 如果上帝果真雇用了他，便无疑是准许了后者展现奇迹，以让他作为先知为人所接受。若他真是先知，就让他

命太阳静止、命月亮易辙、命河川不流、命死人复生。 173

没过多久，滕斯克瓦塔瓦便似乎展现了这样的一个奇迹。据说在6月初的某一天，他站在追随者们面前，宣布在6月16日，太阳会在正午变暗。而16日的确发生了一场日全食。当太阳逐渐被吞噬，四周转为怪异的黄昏之景时，伟大的肖尼先知大叫："难道我没有说真话吗？你们看，太阳的确变暗了呀！"心中曾抱有怀疑的人这下子也完全相信了先知无与伦比的能力，来到格林维尔加入蒂卡姆西和滕斯克瓦塔瓦的队伍的人越来越多了，哈里森的影响力也相应被削弱。但问题是，滕斯克瓦塔瓦真的能做出这样的预言吗？

一些历史学家猜测，滕斯克瓦塔瓦可能在早些时候从路过附近寻找观测地点的天文学家那里听说了有关日食的事情。其他人则认为，住在那片地区的一部分美国人（当然也有英国人）——包括哈里森和他手下的士兵——携带着年历，它们必定谈论过即将发生的日食，而滕斯克瓦塔瓦有可能偷听到了相关的谈话。然而，这两个猜测都不是很靠谱。首先，没有任何记录表明当时有天文学家经过印第安纳领地，也无人从那里看到了日食。所有观测报告都源自东部海岸，最靠近西边的科学观测在宾夕法尼亚州兰开斯特进行。其次，如果滕斯克瓦塔瓦真的听到了有关日食的讨论，其他部落首领应该也有所耳闻，并试图独立给出预言；但没有任何证据表明有其他人那样做过。然而，还有第三种可能性。

1797年，22岁的滕斯克瓦塔瓦开始向年迈的萨满佩纳伽什亚（Penagashea）学习肖尼部落的治疗术和符咒，而其中几乎必定包括一些天文学的知识，这是每个文明的知识体系中必然包含的内容。萨满对天体的运动究竟了解多少我们无从得知，因为肖尼人一向口口相传，从未将知识写下来存留；但我们可以安全地假设其中包含有关日月食的内容，以及通过数177或178天来简单预测的方法。

174

佩纳伽什亚死于1804年，随后滕斯克瓦塔瓦接替了他成为新的萨满。这里我们需要注意的是，1805年6月26日的日落时分，从印第安纳领地可以看到一场日偏食。滕斯克瓦塔瓦有可能记住了这一天，并数了355（=177+178）天，得知1806年的6月16日很有可能再出现一场日食。他或许并不知道那将是一场日全食，但事实却为他的预言增添了戏剧性，使其更加印象深刻，这也进一步强化了他与他哥哥的权力*。

在接下来的数年里，有越来越多的人加入到追随滕斯克瓦塔瓦的队伍中来。他们迁徙了数次，最终在沃巴什河与蒂珀卡努河交汇处（今印第安纳州拉斐特）的一大片地方定居下来。这是印第安纳领地建立的最大的美洲土著人社区。哈里森决心行动起来。

哈里森带着约1000名士兵前去讨伐滕斯克瓦塔瓦与其追随者，这时蒂卡姆西恰好外出不在。蒂珀卡努战役发生于1811年11月7日，战役的结果与事后哈里森所宣称的胜利相去甚远：

* 值得一提的是，在日食发生时，蒂卡姆西和滕斯克瓦塔瓦都位于印第安纳州格林维尔附近，距离全食带的南边缘有20公里远，这意味着他们与追随者未能看到日全食。

他的手下死了 40 余人，伤者 80 余人；土著人的伤亡情况暂无定论，但比美军要少。但这场战役却让聚集在蒂珀卡努的居民四散逃离，并终结了肖尼先知的影响力。这也成为了哈里森参加总统竞选时的纲领：他用标语“拿下了蒂珀卡努，也拿下了泰勒”（Tippecanoe and Tyler too）[①] 提醒选民战役的结果，并于 1840 年成功当选为总统。

日食影响美国历史的第二个例子出现于 1831 年，它与奴隶起义有关。三年前，当纳特·特纳（Nat Turner）在弗吉尼亚的一个农场为主人劳作时，他“听到天空中传来一声巨响”，并看到“神灵”显现，告诉他与恶魔抗争。自那一刻起，特纳坚信自己“受天命以成大事”。然而那个“大事”是什么，又会在何时发生呢?

下一个信号出现在 1831 年 2 月 12 日，这天发生了日环食，黑暗笼罩了整个天空。特纳视其为“黑白双灵在厮杀争斗”，并将他看到的幻象说给另外三个奴隶听，四人决心行动起来解放自己。他们选择 7 月 4 日（美国独立日）行动，然而那天特纳病了，于是计划延期。又过了一个月，另一个“征兆再次出现”：8 月 13 日，星期六,一个在费城的人形容西边的天空“像

① 泰勒（John Tyler）在当时的总统竞选中败给哈里森，成为美国第十任副总统。——译者注

一片鲜红的火海，被某个看不见的使者点燃”*。一个星期后，8月22日星期天的清早，特纳和其他奴隶们开始了为期两天的暴行，他们杀死每一个见到的白人。在夺去约60名白人的性命后，这场暴行结束了。愤怒的白人暴民和民兵团杀害了2000余名黑人作为报复。

特纳被抓起来审判。这时，他对指派给他的辩护律师托马斯·格雷（Thomas Gray）说出了那段著名的供述：是去年2月太阳的消失引领他“奋发图强，养精蓄锐，最终用敌人的武器杀死他们”。

176

特纳很快便被处决了，然而他的起义运动导致的负面影响却持续了很长时间。在特纳行动之前，弗吉尼亚的部分州议员曾谴责奴隶制，并准备起草最终的解放程序；但事件发生后，这一切戛然而止，那些批判奴隶制的南方民众要么噤声不语要么遭到放逐，加剧了南北之间的分化和对立。

第三个也是最后的例子，是1889年1月1日发生的一场日全食。此次日食的全食带经过加利福尼亚州北部、内华达州、日后的爱达荷州、怀俄明州、蒙大拿州和北达科他州。当时，绝大多数的美国土著人都住在由腐败而中立的联邦要员管理的居住区内。其中出现了一名先知，他是派尤特人（Paiute）部落

---

* 在1831年8月中旬，美国东部的许多地方都出现了不同寻常的天空景色。在纽约的奥尔巴尼，傍晚落日的颜色显得格外深红；在俄亥俄州的桑达斯基，西边的天空显得暗淡朦胧，同时带有一丝微微发绿的影子；佐治亚州梅肯县的居民以为又有一场日食即将发生，于是纷纷抓起烟熏的玻璃片，同时在年历书里疯狂翻找日食的预测内容。造成大气扰动的源头尚不得而知，不过可能与该年夏天圣海伦斯火山喷发形成的尘云有关。

萨满的儿子。这名萨满一辈子住在内华达州西部，但其影响却传播甚远。和其他许多派尤特人一样，他在白人经营的一家农场工作。农场主的名字是戴维·威尔逊（David Wilson），于是男孩便被取名为杰克·威尔逊（Jack Wilson）。但他在历史上留下的名字却是沃沃卡（Wovoka），意为“砍木头的人”。

日食发生当天，沃沃卡一个人待在自己的棚屋里面，棚屋位于内华达州耶灵顿附近。这时，他注意到天空逐渐暗下来，于是来到外面，发现太阳只剩下细细的一弯，几乎完全被遮住了*。他开始看到幻觉，以为太阳即将死去，自己也活不长久了。根据后来的叙述，在死亡时，他看到了所有他认识的去世已久的人，他们都很开心快活，永葆青春。他们让他回到现世，告诉其他健在的人停止争吵，保持平和。他们还教给他一段舞蹈，让他等到有一个新的世界取代现有的被白人统治的世界时表演给大家看。据传，他对其他人说：“我向你们许诺，终有一天，所有印第安人的马匹上都不会沾有白人的手。”沃沃卡还说，所有美国土著人都必须跳鬼神舞（Ghost Dance）以净化自身；以及最重要的是，他们必须“不加害于任何人”。 177

有关沃沃卡的幻视与他的声明的故事迅速传遍了居住区。从加利福尼亚到密苏里河，从加拿大到德克萨斯，所有土著人都跳起了鬼神舞，包括派尤特和肖肖尼、尤特，以及居住在大平原（Great Plain）和拉科塔（Lakota）内的其他部落。联邦官员们担心这会演变为一场武装起义，尤其是在拉科塔地区，他

* 沃沃卡位于全影带以南约 40 英里，食甚时可以看到日面的 98% 被月亮遮挡。

们害怕土著人借鬼神舞作为掩饰，来策划对抗进一步侵占领地的殖民者们。负责管理该地区的政府官员要求部署联邦军镇压所谓的“救世主狂热”。

1891 年 1 月，联邦军试图解除聚众的拉科塔人的武装时，双方爆发冲突，并迅速演变为激烈的枪战。在乱斗中，超过 300 名拉科塔人和至少 24 名联邦士兵死亡，这一场可怕的冲突如今被称为“伤膝河大屠杀”（Massacre at Wounded Knee）。

* * * * *

有关哥伦布在 1504 年利用月食预测来剥削当地人的故事甚至被后人写成了作品。最著名的例子是《亚瑟王朝廷上的康涅狄格州美国人》（*A Connecticut Yankee in King Arthur's Court*），作者马克·吐温在书中塑造了一个名为汉克·摩根（Hank Morgan）的美国人角色，他穿越回到过去，利用自己掌握的关于日食的知识，避免了被钉在柱子上烧死的下场。在《所罗门王的宝藏》（*King Solomon's Mines*）中，H. 赖德·哈格德（H. Rider Haggard）描写了在非洲的一群英国人通过预测月食发生的事件来提升自己在当地总督眼中的地位。尽管这些故事都改编自哥伦布的事迹，然而在马克·吐温和哈格德的作品问世之前，竟真的发生过一个相似的、而且是一波三折的事件。

那是在 1869 年的 8 月，一名在达科他领地的拉科塔人中工作的物理学家想要在众人面前展示自己照料病患和理解自然的知识能力。为此，他事先悄悄看过年历，记下了一个日期，并宣布在那一时刻，太阳会被遮蔽，天空会陷入黑暗。到了那天，众人围在物理学家的身边，后者手中只有一块烟熏的玻璃片，178 他将其递给其他人，并教他们透过它观看太阳。

当天的天气极为良好，万里无云，一片晴朗。物理学家预言的时刻也没有错误，因为他手里有一块怀表。拉科塔人的反应似乎如他所料：随着四周逐渐变暗，天空中只剩下一丝亮线，众人显得无精打采。但接着，他们显然是觉得太阳消失的时间足够长了，于是开始大声喊叫物理学家听不懂的一些话语，并鸣放步枪，直到太阳重新露出面貌。

物理学家以为自己成功了，于是对周围的人说，他已经证明了自己超常的能力，当他给出建议时应该听从才是。拉科塔人回答说：没错，你的能力是很强，但我们的更强，因为你只知道如何准确预测日食，可我们却知道如何驱赶造成日食的恶魔，并防止灾厄的发生。179

第十一章 耶稣受难日与协和式飞机

地球，现在你的阴影
以均匀的单色和曲线
沿着月亮的柔和的光焰，
从极点到中心，偷偷潜行。[①]

——托马斯·哈代（Thomas Hardy），
写于1903年4月11日一场月食后

① 译文引自《时光的笑柄：哈代抒情诗选》，吴笛译，河南大学出版社，2014。——译者注

181 古代最重要的日食记录毫无疑问诞生于公元前136年。实际上，关于这次日食的记录共有两条，它们一同给出了观测地点（古巴比伦城）和事件（一次日全食），以及事件发生的年月日，转换成我们现在使用的历法，是公元前136年4月15日。这两条记录中还包括日食在那一天里发生的时刻（日出后两小时），以及日食期间四颗行星（水、金、火、木）均出现在天空中。下一个如此详尽的日食记录要直到1567年才出现。

观测进行的地点和确切日期无可置疑（可根据四颗行星的出现确定），日食发生时太阳在天空中的位置亦是。但人们在找到这条记录后没过多久，便发现了一个重大的问题：如果按照已有的公式，并考虑一切引力影响——包括地球、太阳、金星、木星的引力，以及地球赤道隆起导致的微小摄动——来反演月球移动的轨迹，则会发现：公元前136年4月15日的确发生了日全食，但在巴比伦却是**无法**看到的。即，狭窄的本影带根本没有经过中东地区，而是出现在2000英里以西——今日的摩洛哥、西班牙、法国南部和欧洲中部——的位置。但观测记录是确凿无疑的，在古巴比伦城**必定**看到了日食。这个矛盾该如何解决呢？人们很快找到了答案。

可能性只有两种：要么是月亮的运行速度变快了，要么是地球的自转速度变慢了。实际上，二者都在发生，只不过变化的幅度极其微小。但由于这个日食是发生在2000多年前，月球公转速度和地球自转速度的变化虽微小也积少成多：自从公元182 前136年到现在，月亮已经绕地球转了约18000圈，而地球则已经自转了近80万圈。这导致计算结果与实际时刻相差了约3

个小时*。不仅如此，我们还知道为什么月球会越跑越快，地球会越转越慢：这都是因为潮汐力。

牛顿在《自然哲学的数学原理》中首次给出了潮汐形成的可信解释：是月球和太阳的引力造成了潮水每天两次的涨落。一个世纪后的1754年，德国哲学家伊曼纽尔·康德（Immanuel Kant）在解释自然世界的无限性时，提出潮汐现象可能会对月球运动和地球的自转均产生影响，但只给出了一个定性的说明。首个精确的数学描述由法国学者皮埃尔－西蒙·拉普拉斯（Pierre-Simon Laplace）于1775年给出，他不仅解释了这个影响是如何发生的，还首次准确预测了潮水发生的时间和高度。在接下来的200年里，数十名科学家改进了拉普拉斯的计算；今天，我们终于有了一个详尽而准确的理论来解释潮汐现象，以及它与月球运动和地球自转的速度的关联。

问题的关键在于，地球的自转（一天一圈）要远远快于月球的公转（约二十八天一圈），所以前者会拽过海面上潮水的隆起，使之比月下点①略微超过一些。其后果便是，月球对隆起潮水的引力作用较地月连线存在些许的偏离，从而产生一个力矩，使月球在轨道上运行的速度加快，同时减缓地球的自转。换句话说，因为潮水的隆起比月球的运动略微超前，地球自转的角动量中有一部分转移到了月球公转的角动量上。

183

* 这大约是地球上与古巴比伦城相同纬度的一点向西转动2000英里，使古巴比伦城进入公元前136年的日全食的本影带中所需要的时间。

① 指地月连线与地表的交点。——译者注

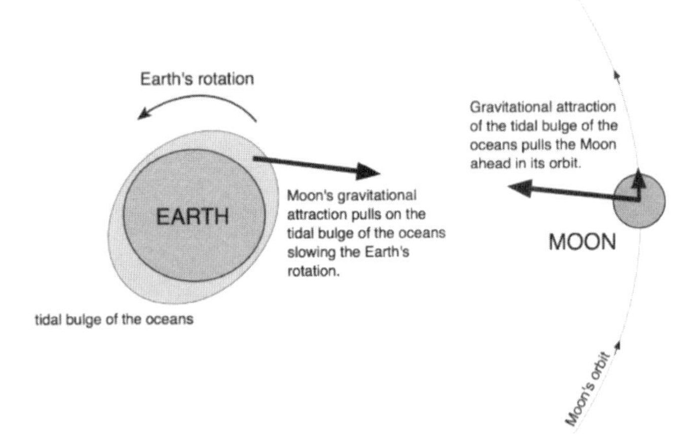

月球对海洋潮水隆起的引力导致地球自转变慢，同时加快月球的公转速度，并使之逐渐远离地球。

以上是地球自转变慢的主要原因。但还有其他一些过程也在起着作用。

当地球转动时，海水与下方的海床之间会产生轻微的摩擦力。这与使用刹车盘让车辆减速有几分相似：刹车盘（海水）挤压转动的轮胎（海床），二者之间便会产生摩擦力。其后果便是地球的一部分转动能因摩擦而损耗，从而导致地球的自转速度降低。若再仔细考察，则可以发现，以这种方式耗散的绝大多数转动能并非平均分布在所有海床，而是集中在三个狭窄的海域：俄罗斯和美国阿拉斯加州之间的白令海，堪察加半岛和亚洲大陆之间的鄂霍茨克海，以及澳大利亚和印度尼西亚之间的帝汶海。于是，地球自转速度的减慢便与海洋深度——这自然涉及地球气候的变化——和海岸线的形状密切相关。

184

除此之外，还有其他过程同样可造成自转速度的变化。在最后一个冰河世纪，厚重的冰层覆盖了加拿大和斯堪的纳维亚（Scandinavia），其庞大的重量足以使地面发生沉降，有的地方甚至下沉了一英里还要多。冰层融化的速度要远快于地面恢复隆起的速度，其中两个沉降区至今仍然没有恢复，填满了水，形成了今天的哈得孙湾和波罗的海。但陆地还是在隆起。正如滑冰运动员旋转的速度取决于双臂张开还是收回，地球自转的速度同样与行星的质量分布有关。

以上内容看上去有点复杂。没错，它确实不简单，其中涉及将牛顿的引力定律应用于月球的运动并理解潮水涨落的原因，同时也包括地球的自转角动量如何转移到月球的公转角动量、潮汐的摩擦力如何改变地球的自转速度、地球的岩石圈在冰河世纪过后如何恢复，等等。而困难之处不止于此：例如，地球内核液体的旋转似乎与固体地幔的转动存在耦合，这使得角动量转移到地球的不同部位，从而改变地球的自转速度。但总的来说，这些问题都可以定量描述，并用于解释目前的观测结果：月亮的确在沿着运行轨道加速（即它正以平均每年约一英寸的速度远离地球），而地球的自转正逐渐变慢，使一天的长度每百年延长约两毫秒。

若将以上月球加速和地球自转减速的速度代入月球轨道的反演计算，便能够得知在公元前 136 年 4 月 15 日，从古巴比伦城**的确可以**看到日全食。实际上，人们已经根据古代日月食记录（尽管许多都不如这般完整），以及其他一些天文观测——例如月亮掩星的精确时间——在相当程度上确定了地球过去的自

185

转速度。

精明的读者或许会问：这难道不会影响到之前所说的根据古日食记录推断得出的编年史吗？答案是：会的。我们必须将月球逐渐加速和地球自转逐渐减速考虑进来，于是编年史的列表时常需要调整。每当有新的日月食或有关月亮运行的记录出土，或是我们更进一步理解影响这些天体运动的多重效应时，上面的列表便会发生变动。

这些问题的研究并不只是出于学术上的兴趣，它对社会的其他方面同样会产生影响。其中一个著名的例子与神学和对《圣经》的解读有关。许多年来，人们对基督被钉在十字架上殉难的日期争论不休，问题集中在这个日期究竟能否被**确定**。而答案似乎就藏在一次月食发生的时间里。

* * * * *

长久以来，学者们对耶稣受难的日期十分感兴趣。它显然对基督教非常重要；同时还因为我们似乎有望回答这一问题。

所有研究该问题的人都在一些基本的已知条件上达成了一致。首先，庞修斯·彼拉多（Pontius Pilate）曾是当时犹地亚地区的检察官，这意味着受难必定发生在公元 26 年到 36 年之间。其次，根据耶稣至少到公元 28 年才接受洗礼，布道至少两年，以及他先于保罗归信死去，上述范围可被进一步缩小到公元 30 年至 34 年之间。

四本被收入经文的福音书《马太》《马可》《路加》《约翰》

186

中均提到受难发生在一个犹太人安息日的前一天，即星期五的下午。从罗马历史学家塔西佗的著作中也可确认这一点。不仅如此，四本福音书中还提到，受难日是在犹太历尼散月[①]中的逾越节期间，这意味着当时是在春季，而且天空中出现满月。另一个极为重要的限定条件来自先知约珥（Joel）所说的话："日头要变为黑暗，月亮要变为血；这都在主大而明显的日子未到以前。"（见《新约·使徒行传》第二章第二十节）许多神学家将此与受难联系起来，认为"主大而明显的日子"指的正是耶稣基督死亡的那一天。

据此，约珥话中的第一部分便具有了极为重要的意义。"月亮要变为血"经常用于描述月全食，人们也正是如此解读。当月亮进入地球的暗影区时，它不会完全消失不见，而是变为暗红，像极了血的颜色。这是因月面散射了透过地球大气边缘的太阳光所致。

若我们同意约珥的预言指的是基督的死亡，以及受难发生在月食之日，那么结合先前确定的时间范围，经过冗长的计算，便可得知耶稣基督的受难日是在公元 33 年 4 月 3 日，星期五，当天从耶路撒冷可看到一场月全食。

然而果真如此吗？

1983 年，牛津大学的科林·汉弗莱斯（Colin Humphreys）和格雷姆·沃丁顿（Graeme Waddington）进行了一系列计算，使用了当时最精确的潮汐历史数据，发现在公元 33 年 4 月 3

---

① 为犹太历中的正月，通常对应公历的三月至四月。——译者注

日的星期五，月亮升起时，从耶路撒冷只能看到月偏食。1990年，布拉德利·谢佛（Bradley Schaefer）（现在耶鲁大学）再次进行了计算，使用了更准确的潮汐历史数据，结果显示在4月3日月出时，从耶路撒冷观看，月食刚刚结束。这不得不让人怀疑那一天究竟是不是受难日。

187

这一切都凸显了关于月球运动和地球自转速度的变化对于考虑一些看似一目了然的问题是多么重要。受难日究竟能否得到确定至今仍是个谜。或许在以后，我们能发现一些文件，上面清楚地记载了那天究竟有没有发生月食。或者也有可能，随着继续研究古代日月食记录，我们能进一步改善地球自转速度的历史数据，从而得出支持《圣经》中叙述的计算结果。不论如何，会有越来越多的证据得到发现和整理，新的解读方式也会层出不穷，不过我们必须牢记汉弗莱斯和沃丁顿得出的一个结论：古代作家（如福音的作者）写作的动机因人而异，但他们绝不会为未来的编年史学家留下很明显的线索。

* * * * *

首个尝试预测日食发生的精确时间、并使用钟表准确计量和检验预测的人是埃德蒙·哈雷，他于1715年在伦敦附近发生的一次日全食期间进行了上述实验。他的预测比实际晚了四分钟。考虑到他的计算基于在其数十年前刚刚问世的牛顿的引力理论，这一成就令人惊叹。

下一次严谨的尝试则是在127年之后。法国科学院秘书、巴黎天文台台长弗朗索瓦·阿拉戈（François Arago）在 1842 年进行了一次更加复杂的计算，考虑了金星、火星和木星的引力影响，来预测在法国南部何时能看到一场日全食。计算结果与实际测量仅相差了 40 秒。自那以来，所有计划进行日月食观测的人都会带上一块准确的钟表，给事件计时。

188

1869 年，瓦萨学院的玛丽亚·米切尔在艾奥瓦州伯灵顿观测到，该年发生的日全食比年历中的预测晚了 23 秒。1878 年，美国海军观察所的阿萨夫·霍尔在科罗拉多州的拉洪塔观测日食，发现开始时间和预测差了 29 秒。1905 年，一伙追逐日食的人来到西班牙，测量到时间差是 20 秒。1908 年，另一伙人被派到太平洋中央的弹丸之地弗林特岛（Flint Island），测得时间差为 27 秒。1918 年，加利福尼亚利克天文台的威廉·坎贝尔北上来到俄勒冈州的贝克市，测得差为 15 秒。十九世纪后期和二十世纪早期的其他日食观测者得到的结果大致相同，也都在 15 到 30 秒之间。至少根据当时的月球运动理论来看，这似乎是极限了。人们需要一个新的数学方法来近似月球的运动。直到 40 多年后，才有两个人解决了此问题。

一个比大多数人更了解乔治·希尔（George Hill）的人形容他“体面得不羁”。希尔终生未婚，那些真正了解他的人感觉他不愿与任何人打交道。他住在华盛顿特区，为联邦政府负责制作发行《航海年历》的部门工作。尽管收入微薄，他却拒绝领取薪水，说自己不需要钱，也不愿花时间打理财富。他只钟情于三件事情：在首都周围的林地中散步（当时华盛顿周边围绕着一片森林）；埋首于数不尽的书堆，尤其是自家的浩瀚藏书；以及，作为一名数学家，了解用于解决月亮运行的问题所必要的数学知识。

若要详叙希尔在理解月亮运动方面进行的创新性工作，需要整整一章的篇幅。我们来换种简单的说法：在他之前，所有人解决问题的出发点都是将牛顿理论应用于二体问题（地－月系统），并逐步添加太阳、其他行星和潮汐的微小调整。希尔的出发点则是较之远为复杂的三体问题（地－月－日系统），并逐步添加其他调整项。他总共向计算中加入了近 3000 项类似的调整，并精确到小数点后 15 位。当时没有机械计算器问世，一切计算全部靠双手。然而希尔没有足够多的时间来完成他的月球运动新理论，在晚年他与一个继任者共同工作。

189

欧内斯特·布朗（Ernest Brown）出生于英格兰，后来到美国，成为耶鲁大学的教授，与希尔一同解决月球运动的问题。布朗同样是一位低调的人，终生未婚，成年后的绝大多数时间都和他的同样未婚的妹妹米尔德丽德（Mildred）住在一起。他是一位钢琴家，还是国际象棋高手，酷爱阅读侦探小说。他对冗长而毫无意义的诗句尤其着迷，能背诵吉尔伯特和沙利文的轻歌剧以及刘易斯·卡罗尔的著作中的大段台词[①]。不过他最关心的事情和希尔一样：理解月亮的运动。

---

① 吉尔伯特（William S. Gilbert, 1836.11.18—1911.5.29），英国剧作家、文学家。沙利文（Sir Arthur Seymour Sullivan, 1842.5.13—1900.11.22），英国作曲家。两人在 1871—1896 年间合作创作许多轻歌剧作品，至今仍广受欢迎。刘易斯·卡罗尔（Lewis Carroll），本名查尔斯·勒特威奇·道奇森（Charles Lutwidge Dodgson, 1832.1.27—1989.1.14），英国作家、数学家，因儿童文学作品《爱丽丝梦游仙境》闻名于世。——译者注

布朗于 1908 年完成了理论的构建工作，如今被称作希尔－布朗理论。接下来，他花了 11 年，将他的理论应用到实际计算当中，制作了直到 2000 年的月历表，上面预测了月亮的准确位置。1925 年，美国东北部上空出现了一次日全食，这为检验该理论提供了绝佳的机会。人们准确测量了时间，并报告称根据希尔－布朗理论给出的预测与实际观测相差了不到**一秒**。

这是一个了不起的成就，它用数学方法精确描述了月亮在天空中的运动。在接下来的数十年里，希尔－布朗理论成为了预测月亮运动的标准工具。在火箭技术发展的早期，它还用于计算发往月球的飞船的预定轨道。之后，希尔－布朗理论便被一系列更精确的理论模型取代。最新的模型名为 JPL DE406*，它是一套数学程序，用于计算太阳系中所有主要天体（包括行星的卫星以及数个较大的小行星）对月球运动造成的引力影响。JPL DE406 将预测时间与实际观测时间的差异缩小到了之前的一半，即我们可以提前数年预测一次日食中食既发生的时间，并精确到正负约一秒。

190

这个状况维持了数十年，直至今天，我们仍然无法完全消除那最后一秒的不确定性。其背后的原因也是明白的：正如本章开头叙述，地球的自转速度并非恒定。通过潮汐作用，地球的转动能量逐渐转移到月球上，增加它的公转动能，导致地球的自转逐渐变慢；同时，上一次冰河期结束后，冰层消融，地

* JPL DE406 的意思是喷气推进实验室开发中星历第 406 号（Jet Propulsion Laboratory Developmental Ephemeris No. 406），在位于加利福尼亚州帕萨迪纳的喷气推进实验室开发。

球表面随之缓慢隆起，这也影响了自转的速度。这些原因导致的差异是可以计算的。但还有其他一些随机的、难以定量刻画的因素也会逐渐积累，使一天的长度每年变化一毫秒或更多。其中可能包括极端气候，如某一地区大量降雪或数次大地震；有人甚至提出鸟类的迁徙模式也会造成影响。结论便是：地球的自转速度存在非常微小的、目前无法预测的变化，正是它限制了我们的能力，无法将数年后日月食发生时间的预测精确到一秒以内。

* * * * *

根据现有的月亮运动理论，人们生成了长长的日月食历表，191 上面不仅有过去，还有未来。由于历史的日月食记录最多只有数千年之久，而且地球自转速度的精确预测只能到约1000年以后，于是这张历表通常只涵盖了5000年的范围，从公元前约2000年到公元约3000年。从中我们可以得知许多有趣的信息。

例如，有关日全食的一个基本问题是：在地球上给定的一点，隔多久可以看到一次日全食？平均而言，在北半球，每330年可以看到一次；在南半球，这个数字是380年。这个差异源于地球公转轨道并非一个完美的圆，而是近似为偏心率很小的椭圆，所以日地间的距离在一年中略有变化。在北半球为夏季时太阳到地球的距离，要比在北半球为冬季时远大约300万英里；对于南半球则反是。在夏季，太阳位于水平线之上的时间也要更长一些。以上这些因素——夏天，太阳距离更远

（因此在天空中显得更小），在天上待的时间更长——都会导致差异的形成。

但上面的数字只是平均值。由于日食的轨迹在地面上纵横交错，它们必定在某些点上相交。数年前，在非洲国家安哥拉的大西洋沿岸便发生了这样的一次巧合，2001 年 6 月到 2002 年 12 月的短短 18 个月之内连续发生了两次日全食。

有的地方甚至会出现三条全食带相交的巧合，只不过这更加罕见，通常数十年间才会出现一次。如果你在十九世纪住在加拿大育空地区的特利格拉夫克里克（Telegraph Creek）矿山镇，就可以在短短 27 年间看到三次日全食，分别发生在 1851 年、1869 年和 1878 年。若要在美国评选出一座日食之城，那么俄勒冈州的贝克市当之无愧，在 100 年间有三次日食光临城市上空，分别在 1918 年、1979 年和 2017 年。另一个值得关注的三带重叠点则位于美国近邻的墨西哥东北部，即德克萨斯州布朗斯维尔的正南方，分别在 2052 年、2071 年和 2078 年。

192

与日食的密集发生相对，自然也存在日食的干旱期。古时候，耶路撒冷市的居民在公元前 1131 年至公元前 336 年的长达 795 年的时间里，没有见过一次日食；但在那之后的短短 54 年内，城市上空便出现了三次日全食。

在美国，位于内布拉斯加州北普拉特的一个小社区刚刚告别日食干旱期。他们上上一次看到日全食是在公元 957 年 7 月 29 日，最近一次则是在 2017 年的 8 月 21 日——这之间相隔了 1160 年。

持续 600 年以上的日食干旱期相当少见。但日月的复杂运动和地球自转速度的变化导致俄亥俄州有三个地点正经历着长干旱期。在哥伦布市，上一次看到日全食是在1395年，下一次则要等到2099年，中间相隔704年；哥伦布市以西70英里处的代顿市，日食干旱期从831年一直持续到2024年4月18日，长达1192年；在代顿以南的辛辛那提市，最近一次看到日全食是在1395年1月21日，下一次则要等到公元三十一世纪之后，干旱期超过了1600年。

* * * * *

确定了观看日全食的时间和地点之后，我们还要面临两项挑战：如何保证天空晴朗无云，以及如何最大限度延长待在阴影中的时间。

对于前者，一个显然的回答是：想办法位于云层之上。首个做此尝试的人是俄罗斯化学家、元素周期表的发明人德米特里·门捷列夫（Dmitri Mendeleev）。193

许多年来，门捷列夫醉心于气体的行为，自然也对气球着了迷。于是，在1887年，当得到机会可以乘坐气球观看日全食时，他没有放过。

全食带刚好穿过距离莫斯科西北方数英里远的克林镇，门捷列夫决定从这里升空。俄罗斯帝国理工学院（Imperial Institute of Technology）为他提供了一个充满氢气的气球和一名飞行员。

日食前一天晚上空气很潮湿，次日清晨，气球外壁沾满了沉重的露水。门捷列夫和飞行员爬进气球下方的吊篮里。他们尝试起飞，但气球迟迟不肯移动。据一人描述，飞行员决定爬出来进行一些调整，可没想到在减轻了一个人的重量后，气球蓦地腾空而起。在人群的欢呼和掌声中，飞行员到底没能重新返回吊篮内，门捷列夫被独自送入空中。有人回忆称，随着逐渐升入高空，门捷列夫冲下方的朋友们大声喊，请求他们回收自己的遗骨。

气球带着门捷列夫穿过了云层，他在那里看到了绝无仅有的日食之景，可惜在下方地面的人群几乎无缘目睹。他还看到了月亮的影子掠过云层上方。接下来的数小时内，气球徐徐下降，他没有看到任何奇异的景象，最终降落在百余英里之外一个隐修院的庭院里。人类第一次进行空中天文观测的尝试就此告终。

在那之后，人们又进行了数次乘坐气球或轻于空气的飞行物观测日食的尝试，最具野心的一次则是1925年乘坐海军飞艇“洛杉矶号”在长岛东端观测日全食，上面搭载了12名科学家和近30名乘员。然而这些尝试很快便被功能更加全面的发明——飞机甩到了后面，它可以轻而易举地升到高空中。

在莱特兄弟发明了第一个有动力且比空气重的飞行器后不到十年，便有人尝试了乘坐飞机观看日食。1912年4月17日那天发生了一场日环食。试验者共有两人，一人名叫米歇尔·马耶（Michel Mahieu），年仅20岁就已经是熟练的飞行员；另一人名叫加斯东·德曼特（Gaston de Manthé），负责进行导航。两人乘坐一架军用双翼飞机，从巴黎附近的一片空地起飞。

194

他们飞到埃菲尔铁塔近旁，然后向西飞行数英里到圣日耳曼－昂莱，在大约 1000 英尺的高度，两人看到太阳几乎被月亮完全遮住。第二天，法国的《晨报》（*Le Matin*）刊文盛赞二人，称他们"获得了魔法，从比一般人更近一些的距离观看了日食"。

阿默斯特大学的天文学教授戴维·托德也是一位热衷于飞行的先驱人士，他曾两度尝试成为世界上第一个在飞机上看到日全食的人。第一次是在 1914 年 8 月，他和一名法国飞行员前往俄罗斯，然而俄罗斯当局禁止他们飞行，因为第一次世界大战刚刚打响。托德在 1919 年进行了第二次尝试，美国海军为他提供了一架当时刚装备的水上飞机，以及六名乘员——两位飞行员、四位机械师——来辅助他进行观测。计划如下：托德和一名飞行员乘坐水上飞机，爬升到约 10000 英尺的高度。当月亮的影子遮住他们上空时，飞行员会操纵飞机急速俯冲，增加飞行速度，以使两人能在阴影中多待上几秒。两人原定从阿根廷的蒙特维的亚起飞，然而在日食前一天晚上，一场突如其来的风暴彻底毁坏了飞机。

另一次乘坐飞机观看日全食的尝试是在 1923 年 9 月 10 日，这次日食的本影带覆盖了圣迭戈的海军航空站（Naval Air Station）。美国海军准备了 16 架飞机，每架飞机搭载一名飞行员和一名摄影师。然而不幸的是，天空被云层覆盖，而云层又太高，当时的飞机无力爬升到它的上方。官方的报告中写道："未获得任何有价值的结果。"1925 年，海军再一次进行了尝试，派出了 25 架飞机，从位于长岛的米切尔空军基地机场起飞。这次虽然天公作美，但因飞机内部震动过于剧烈，没有人成功拍摄到清晰的日冕照片。

终于，在 1932 年 8 月 31 日，人们成功地在飞机上拍摄到了日冕，完成了飞行历史中一个小小的壮举。那天，全食带穿过了缅因州和新罕布什尔州，摄影师是美国陆军航空队的艾伯特·史蒂文斯上尉（Captain Albert Stevens），一位著名的热气球飞行员，他带着设备，坐在敞式双翼飞机的后座。他和飞行员爬升到 27000 英尺，史蒂文斯通过短促的高声尖叫、或称"吠叫"（yips）与飞行员沟通，一声吠叫表示左转，两声连续的吠叫表示右转。除了日冕以外，他还设法拍到了从远处接近的月亮阴影。

当年飞机的巡航速度使得可观测的全食时间延长了两秒钟。第一次显著的增长出现于 1955 年，洛克希德制造的 T-33 喷气机可以近 600 英里每小时的速度飞行，将原本约 7 分钟的全食时间延长到了超过 12 分钟，几乎翻了一番。但最瞩目的延长则是在 1973 年，协和式超音速客机以 2.08 马赫 * 的巡航速度在月影中飞行。

协和式客机在月亮刚开始遮挡日面时，从加那利群岛的拉帕尔马岛机场起飞。45 分钟后，飞机已航行超过 400 英里，进入本影区。它的飞行高度为 56000 英尺，沿着本影带飞行了 1800 英里，横跨非洲大陆，将在陆地上最长只有 7 分 40 秒的全食时间一口气延长到了 74 分钟！

协和式客机的机身上开了五个洞，作为机载科学仪器的观

* 相当于每小时 1340 英里，比普通商用喷气式客机巡航速度的二倍还要高。

测窗；每个洞口都用透明的石英窗密封。这是为了尽可能利用延长的全食时间记录日冕的变化。其中一个实验首次揭露了日 196 冕的亮度在五分钟之内会发生改变；另一个实验则将一台相机对准了天空中远离太阳的区域，结果看到了不寻常的一幕：在地平线的上方出现了一道可疑的闪光。事后人们检查胶卷，确定这并非胶片上的缺陷或划痕。闪光的中央是白色，顶部呈橘红色，边缘呈绿色。这会是 UFO（不明飞行物）吗？或许是一群外星人，它们对天空中发生的宇宙奇观感兴趣，也对高速飞行的机器怀有好奇？

法国空间研究机构法国国家空间研究中心（Centre national d'études spatiales，CNES）有一个部门，专门研究天上出现的不明物体。该部门仔细检查了这张照片，终于在日食六个月后发表了调查结论：该物体为一小片云朵，在一颗沙砾般大小的流星穿过上层大气时凝聚而成，这并不是什么稀罕事。橙红色是日食期间异常的光照所致；边缘的绿色接近北极光的色调，源于被高速掠过的物体激发到高能态的氧原子。这只是日食观测历史上几乎被人遗忘的一段轶事，然而部分 UFO 狂热者至今仍 197 对此津津乐道。

第十二章 爱因斯坦的错误

哎呀，黑暗呵，光天化日之下的
黑暗呵！不可挽救的黑暗呵！日全食
一般呵，再没有一线曙光！[①]

——约翰·弥尔顿，《力士参孙》，1671 年

如果有人说牛顿的引力理论是从十七世纪到十九世纪之间一切有关月球和其他行星的运动理论的中心，这显然是

① 译文引自《弥尔顿诗选》，朱维之译，人民文学出版社，1998。——译者注

199

太低估牛顿了：他的理论支配了一切。如果月亮或行星的预测位置与实际观测存在哪怕一点点的偏差，只要引入一个新的有质量物体，就可以解决问题。1846 年海王星的发现便是对此最强有力的佐证。

1781 年，威廉·赫舍尔（William Herschel）做了一件史无前例的事情：他发现了一个新的行星。该年 3 月 13 日，赫舍尔通过自己望远镜的目镜，看到有两颗星星异乎寻常地靠近。其中一颗显然是恒星，它的亮度很正常。但另一颗就有些古怪了，它的边缘有些毛茸茸的。他在笔记本中记录道："下面那一颗很不寻常，可能是星云，也可能是一颗彗星。"

四天后，他重新观察那个奇异的天体，发现它的位置移动了。接下来的数天夜里，他连续进行观测，最终将结果报告给了伦敦皇家科学院。消息立刻传开，法国和德国的天文学家接下了观测任务。很快，他们确定了赫舍尔看到的毛绒状天体所在的轨道，远在当时已知的最远天体——土星之外。毫无疑问，这是一颗行星。

新发现的行星被取名为天王星（Uranus），源于古希腊神话中天神的名字。天文学家们继续跟踪新天体在夜幕中运行的轨迹，在接下来的数十年中却发现，它的运动与按照牛顿的引力理论所预测的轨道并不完全一致。直到十九世纪二十年代，人们总是看到新行星有时比预测的位置超前一些，有时又滞后一些。原因似乎显而易见：一定存在**另一个**未被发现的天体，它的轨道在天王星之外，通过引力作用扰动着后者的运动。

许多人试图发现那颗尚不为人知的行星。其中一人是法国天文学家、数学家于尔班·勒威耶（Urbain Le Verrier），只不过他没有找来望远镜，而是花费数个月的时间进行了繁杂的计算，确定预测的天王星位置与实际观测之间微小但系统的偏差。 200
1846 年 9 月 18 日，完成了计算的勒威耶给在柏林天文台的德国天文学家约翰·伽勒（Johann Galle）写了封信，预测了到哪里能找到天王星之外的那颗新行星。

信于五天后的 9 月 23 日送达伽勒手中。当天晚上，伽勒将望远镜对准了勒威耶预测的那片空域。仅仅寻找了十分钟，在检查了视野中的所有天体后，伽勒发现其中有一个的轮廓有些模糊。他检查了星表，那个模糊的天体并不在其中：他看到的是一颗新的行星。后来，它被命名为海王星（Neptune）。

这是对牛顿理论的进一步确证，也让勒威耶成为了一个英雄。世人称赞他"在笔尖"发现了一颗新的行星，当时的法国国王路易·菲利普（Louis Philippe）授予了他荣誉军团勋章（Légion d'honneur）；法国政府则答应资助他将来的研究工作。但他接下来会做些什么呢？

在深入研究天王星轨道的偏差之前，勒威耶就已经注意到水星（距离太阳最近的行星）的轨道有一点点疑问。根据牛顿的理论，如果只有一个星体围绕太阳转动，那么它每次绕行的轨迹必定完全重合：一个椭圆，太阳位于其中一个焦点上。然而，由于存在其他的星体，每个行星的轨迹都会比原本的椭圆偏离一点点。对于水星而言，其他行星产生的引力会使它沿着一条螺线运动，每次绕行时的近日点（perihelion）——距离太阳最近时的点——都会发生改变。这个微小改变被称为进动

(precession),根据测量,它的大小是每百年565角秒*。在考虑201了所有行星产生的引力影响后,勒威耶算出水星近日点的进动应该等于每百年527角秒,与观测值差了每百年38角秒。这虽然很小,但不可忽略。人们需要想办法来解释这个差值**。

1859年,勒威耶提出了一种解释:在水星轨道之内,或许存在某个尚未被发现的行星,其引力作用可以解释水星运动的微小偏差。经过计算,他预测那颗行星可能在太阳和水星轨道的中间位置,体积和水星大致相当。但如果这是真的,为什么至今都没有人看到它呢?

实际上,的确有人看到过——而且还是在不久前。埃德蒙·莱斯卡博(Edmond Lescarbault)医生在巴黎南部数英里远的一个名为奥热尔昂博斯的乡村小镇里使用望远镜研究着太阳,这是他的日常的一部分。1859年3月26日,他注意到有一个暗色的物体从日盘前面穿过。虽然未能目睹全程(很有可能是因为需要为患者诊疗),但在得知勒威耶的预测后,他相当确信自己看到了那颗行星,于是给巴黎的勒威耶写了封信,宣告自己的发现。

一开始,勒威耶持怀疑态度,但还是抱着一线希望前去拜访了莱斯卡博。他检查了医生的设备。莱斯卡博在石头仓房的

---

* 角秒是一个角度单位。一个圆是360度,一度等于60角分,一角分等于60角秒。即,一角秒等于一度的1/3600。

** 准确地说,在1882年,美国航海年历办公室的西蒙·纽科姆使用比勒威耶所知更加准确的行星质量值,重新计算了其他行星对水星造成的引力影响。结果显示,水星近日点进动的速度中,牛顿的引力理论无法解释的部分是每百年43角秒。后来的爱因斯坦也引用了该计算值。

一头搭建了不大不小的观测台，并在里面安装了在勒威耶看来是一流的望远镜。两人探讨了莱斯卡博的发现。莱斯卡博虽然没有留下书面记录，但那天他确实反复回到望远镜前检查自己的所见，相当肯定自己看到了有什么东西从太阳前面经过，并确信整个过程持续了近一个小时。

202

勒威耶被说服了。1860 年 1 月 2 日，他在巴黎科学院的一次会上宣布：据他所知，莱斯卡博看到了一颗新的行星。因其距离太阳最近，勒威耶命名为伏尔甘（Vulcan）[①]。这个消息立刻轰动了媒体，许多人争相宣称自己已经看到了那颗行星。

住在伦敦的一个名为本杰明・斯科特（Benjamin Scott）的人写信给《泰晤士报》（*Times*），称自己“在 1847 年夏便已看到伏尔甘星”，因而是真正的发现者。住在苏黎世的天文学家鲁道夫・沃尔夫（Rudolf Wolf）热衷于观察太阳黑子，他提供了一份清单，上面列有过去数十年来他进行的 21 次观察记录，最早的可追溯到 1819 年。他认为这些可能是那颗新发现的行星穿过日盘的观测证据。法国的天文学家、植物学家埃马纽埃尔・利艾斯（Emmanuel Liais）当时正在巴西探险，在莱斯卡博有新发现的那一天，他也将望远镜对准了太阳。据利艾斯说，他除了黑子以外什么都没看到，并据此质疑莱斯卡博的发现，批评勒威耶没有确凿证据便接受了前者的说法。

尽管新的发现有待进一步确证，但人们的兴奋还是与日俱增。现在需要的是来自其他观测者明确无误的目击情报。日全

① 为古罗马宗教信奉的火神之名。——译者注

食发生的时候正是绝佳的机会。

1860 年 7 月 18 日有一场日全食。勒威耶来到西班牙搜寻伏尔甘星，却什么都没看到。1868 年，他奔赴泰国，尽管该年日全食的全食期间意外地长（持续了六分多钟），可他还是一无所获。不过还有下一次机会，而且看上去很有希望。

下一次是在 1869 年，出现在美国上空。大批美国天文学家出动，其中便有许多人决心寻找伏尔甘星，然而无一目睹。哈佛大学的本杰明·谷德（Benjamin Gould）来到艾奥瓦州的伯灵顿，那里天空晴朗。他动用了四架照相机试图拍摄伏尔甘星，共拍了 42 张照片，并仔细研究，却没有一张拍到那神秘莫测的行星。他还搜集了其他天文学家拍到的照片，共找到了 400 张，并一一细察。照片上璀璨的繁星清晰可见，唯独不见伏尔甘星的影子。

203

人们对伏尔甘星的兴趣开始衰退，或许会随着 1877 年勒威耶去世而彻底淡出公众的视线。然而在他离世前一年，有人看到了那颗神秘的行星。

消息来自一个叫作韦伯先生（Mr. Weber）的人，他告知欧洲天文学家自己的所见。他形容有“一个很小的圆盘”从太阳面前穿过，并且提到在观测之前天空突然放晴。

韦伯进行观测的时间是 1876 年 4 月 4 日。在那之后，又有许多人报告称自己看到了伏尔甘星。一个来自新泽西州蒙特克莱、署名为“B. B.”的人写信给《科学美国人》（*Scientific*

American)[①] 的编辑，称自己在 7 月 23 日看到了一个圆点穿过太阳表面。住在加利福尼亚州圣贝纳迪诺的 W. G. 赖特（Wright）在看了 B. B. 的信后，将自己的望远镜对准了太阳，立刻便看到有一个物体正在缓缓移动。同样来自蒙特克莱的塞缪尔·怀尔德（Samuel Wilde）写信给杂志社报告自己的观察；来自密苏里州圣路易斯的约翰·H. 泰斯（John H. Tice）亦如此。由于接到了太多类似的报告，在年底，《科学美国人》的编辑不得不告诉读者，杂志将不再刊登更多的目击声明。

然而，尽管有许多报告，却没有任何两份是发生在同一时刻的。即，没有两人在同一时刻各自看到伏尔甘星。这足以让人怀疑那颗行星的存在。但绝佳的机会再次降临：太阳将再次被月亮吞噬，发生地点仍然在美国上空，届时将会有数十名专业和训练有素的业余天文学家聚集在狭窄的全食带内。人们相信，其中必有人会看到那颗呼之欲出的伏尔甘星。 204

*　*　*　*　*

安阿伯市密歇根大学的詹姆斯·沃森（James Watson）尤其擅于发现行星。他完全相信勒威耶的计算结果，也相信莱斯卡博和之后众多人的目击报告。伏尔甘星必定存在，问题只是需要一名经验丰富的天文学家在正确的时间和地点进行观测。而沃森正符合这些条件：他是密歇根大学底特律天文台的负责

① 我国已引进该杂志的版权并发行，刊名为《环球科学》。——译者注

人，曾借助其中的望远镜，仅凭裸眼发现了20颗小行星。他还参加了1869年前往艾奥瓦州伯灵顿和1870年去西西里岛的日食考察队。沃森选择了怀俄明州进行观测，期待成为第一个看到那颗行星的人。

沃森在怀俄明州的塞珀雷申附近搭建了日食观测台，这里距航海年历办公室的西蒙·纽科姆搭建的台站只有约100码。两人计划协同观测：纽科姆将观察日珥，研究日冕的形状；沃森则集中精力搜寻伏尔甘星。一旦看到了疑似的目标，他就会冲到纽科姆的台站，请后者帮助确认发现，然后再回到自己的望远镜前检验。日食一结束，沃森就会写出一份简要的描述，说明伏尔甘星位于哪里，并将其交给骑在马背上等候的信使。信使快马加鞭，赶到四分之一英里外最近的一处电报站，将描述的内容发送给德克萨斯州达拉斯市，再送至阿默斯特学院的戴维·托德，后者便可以赶在月影经过上空前的数分钟时间内安排寻找伏尔甘星。

在日食开始前的半个小时，纽科姆走进冲洗照片的暗室里坐下，让自己的眼睛适应黑暗，对弱光尽可能敏感。日食前三分钟，他走出暗室，而沃森则早已守候在自己的望远镜前。

月亮的暗影遮住了他们，两人各自开始进行观察。沃森仔细寻找，对照着手中的星表，辨认出了视野中的若干颗星星。
205
然而其中一个看起来像星星的物体**并不在**星表上。他继续搜寻，看到了**第二个**不在星表上的物体。也就是说，围绕太阳运行而未被发现的行星有**两颗**！他跑到纽科姆的台站。此时一阵强风吹过，观测被耽误了数秒。片刻后，纽科姆开始按照沃森的指示寻找伏尔甘星。与此同时，沃森回到自己的望远镜前，确认方才的发现。这时，全食已结束，沃森出于某种原因未能写下记录描述那两颗疑似行星的位置，而纽科姆也无法确认，托德自不必说。但在沃森的晚年（他只多活了两年），他坚持称自己看到了有**两颗**行星绕着太阳转。他甚至给第二颗行星起了名字，叫阿多尼斯（Adonis）*。

除了沃森之外，只有一个人宣称自己在太阳附近看到了疑似伏尔甘星的行星。此人名为刘易斯·斯威夫特（Lewis Swift），是来自纽约罗切斯特的业余天文学家，他在丹佛观察了 1878 年的那场日食。斯威夫特也是一名经验丰富的观察员，他曾发现了好几个彗星。然而，他于 1878 年看到的那颗疑似行星所在的位置与沃森描述的两个方位都不符合。于是，日食过后，伏尔甘星的观测仍未得到确证。

天文学家们继续试图在日食期间寻找伏尔甘星，只是热情不再高涨如前。1880 年，加利福尼亚州上空出现日全食，人们什么都没看到。1882 年，埃及上空出现短暂的日全食，全食阶段只持续了不到一分钟。观察者清楚地看到了一颗彗星的身影，却还是没有看到行星。在 1889 年、1898 年和 1901 年的日食期间，人们还是一无所获。1905 年，加利福尼亚利克天文台的天文学家们组织了三支考察队，分别前往加拿大、西班牙和埃及。 206
加拿大和西班牙的队伍只看到一片乌云；埃及的队伍拍摄了照

---

* 沃森于 1880 年去世，那时他仍坚信那两颗行星真实存在，并在筹建一个专门用于寻找伏尔甘星和阿多尼斯星的天文台。

片，上面有55颗星星，但没有未知的行星。

三年后的1908年，利克天文台的天文学家们组织考察队前往太平洋中央的弗林特岛，这里是全食带覆盖的仅有的两座岛屿之一。来自加拿大皇家天文学会的科学家们也加入了队伍。众人于日食前一个月便来到小岛上，携带的设备中包括四台为了寻找伏尔甘星而特殊设计的相机，每台相机上都带有直径3英寸的镜头，焦距长达11英尺。

1月3日，日食当天，倾盆大雨似乎浇灭了一切希望。然而奇迹般地，就在全食开始的一分钟之前，大雨突然止住，天放晴了。天文学家们迅速投入工作，每台特殊相机都曝光了三分钟，各拍摄一张照片。显影后，人们检查照片，共辨认出300多颗星星，然而其中没有一个是伏尔甘星。

根据底片的感光度，人们确定任何直径大于30英里的环绕天体都会被拍摄到。为了解释水星近日点的进动，需要至少100万颗类似大小的行星，而这进一步减小了伏尔甘星存在的可能性。

在一次次的期待落空后，人们终于停止了搜寻水星轨道内的行星。这也让许多科学家开始思考一个更加激进的可能性：是否应该修改牛顿的引力理论，使之符合水星近日点进动的观测事实？

* * * * *

1905年，在瑞士伯尔尼的一家专利局工作时，阿尔伯特·爱因斯坦（Albert Einstein）发表了狭义相对性理论。之所以称之为“狭义”，是因为该理论仅适用于一类特殊的运动，即以光速进行的匀速运动。在狭义相对论中不存在加速度。然而自然界中的一切事物似乎都在经历着加速或减速：在车厢里被推挤时，爬上梯子或沿扶手下滑时，或是地球在自转时。狭义相对论中也没有提及引力，这意味着它无法用于行星围绕太阳的转动。如此缺陷不免令人难堪，它自然需要得到修缮。

爱因斯坦的下一个重大进展出现于 1907 年，当时他正在为一本科学年鉴写一篇关于狭义相对论的摘要。这时，他想到一个思想实验：如果一个人被关在没有窗户的箱内，而箱子在自由落体或加速运动，这个人会看到或感觉到什么？

例如说，假设你站在一个电梯厢内，上方悬吊的钢缆突然断裂。电梯开始下坠。因为所有东西都以相同的速度坠落（这是十七世纪伽利略得出的结论），电梯厢内的一切物体都会失重。现在，你打开闪光灯，向厢壁照射。由于光速有限，光从灯发出并到达厢壁需要一定时间。若观察光束行进的路线，可以看到它呈一条直线。现在，想象你身处相同的电梯厢内，只不过这次电梯是在外太空。厢内的一切物体会再次失重，但厢底安装有火箭发动机。当发动机点火时，电梯被加速。那么，厢内会发生什么？你和其他物体会开始向厢底坠落。若此时向厢壁照射闪光，由于光从灯出发到达厢壁需要一定时间，光束也会向厢底弯曲。这时，爱因斯坦便发挥了他超常的智慧。

如果电梯不是在外太空被火箭发动机加速，而是好端端地静立在地球的表面上，那么电梯内的一切现象仍然会与刚才一

样。即，不论你是被加速还是在一个引力场内，你和你身边的
208 物体所遵循的物理定律是我完全一样的。这意味着，正如被加速时光线会弯曲一样，当经过一个引力场时，它同样会被弯曲。

爱因斯坦又花了整整四年完成计算。太阳系内最大的引力场显然来自太阳。于是他计算了从遥远的星系发出的光在掠过太阳表面时会被弯曲多少，结果是 0.87 角秒。他还提出了如何能测量这一偏转：在日全食的时候。

我们需要拍摄同一个星群的两张照片，一张摄于日全食中，另一张摄于数个月前后，星群在夜空中清晰可见时。若比较这两张照片，应该可以看到星星的位置发生了微弱的改变。即，在日全食期间，星星看起来似乎略微远离了太阳。爱因斯坦在 1911 年 6 月提交给《物理年鉴》(*Annalen der Physik*) 的论文中阐述了以上想法，并在文末写道："若天文学家们愿意解答这个问题，就再好不过了。"他的期待没有被辜负。

利克天文台的坎贝尔意识到了这一问题的重要性，即确定星光是否被太阳的引力场弯曲。而且他手中正有合适的设备：用于发现伏尔甘星的特殊照相机。他还发现机会不久就会降临：1914 年，日全食将覆盖欧洲东部。

坎贝尔决定在布罗瓦里市进行观测，这儿离基辅不远，靠近全食带的中央线，而且还通了铁路。他和观测队的其他成员带着设备，于 7 月 21 日抵达布罗瓦里。日食将于一个月后的 8 月 21 日发生。在准备期间的 8 月 1 日，德国向俄国宣战，第一次世界大战开始了。

由柏林天文台的埃尔温·弗罗因德利希（Erwin Freundlich）

率领的德国日食观测队成员位于坎贝尔等人以南的克里米亚，结果连同设备一块被俄军逮捕了，后来与被德国军队逮捕的俄国人进行了交换。来自阿默斯特的戴维和梅布尔·托德夫妇位于基辅东南方约100英里的卡缅卡（Kamenka）。戴维曾计划与一名法国飞行员乘坐飞机拍摄日食，却因战争被俄国人没收了飞机。

美国的坎贝尔和队伍的其他成员（其中包括坎贝尔的妻子、三个儿子和他的岳母）很幸运没有遭到俄国军队的逮捕，而是获准继续准备观测日食。四个伏尔甘星相机和其他设备提前数天便准备就位，并进行了测试。然而他们没能见到日食，也没拍到任何照片。坎贝尔夫人在日记中写道："完全失败了。厚厚的乌云刚好在日食发生之时遮蔽了天空，直到结束才拨云见晴。"

观测后，他们的设备被扣押。虽然按照规定，非军用物资不得经铁路运输，但一位俄将军介入了此事，华莱士的日食观测设备被运送到了位于普尔科沃的俄国家天文台，并获准在那里安全存贮，直到可以被送回美国。华莱士和他的队伍原本计划经过柏林返回美国，但现在显然是不可能了。于是，那位俄将军再次介入，安排一行人安全抵达彼得格勒。他们从那里出发，一路走走停停，经过芬兰、瑞典、挪威，再到伦敦，最终回到了美国。

坎贝尔怀着沉重的心情写信给朋友描述这次旅行带给他的失望："如果那至关重要的两分钟内天空放晴，让我们得到一些有价值的结果，一路上的诸多不便也就无足轻重了。"这是他第五次参加日食考察，也是第一次以失败告终。他提到自己终于“痛彻地感受到观测日食的天文学家对云层的失望和恼怒”。在210 笔记的结尾，他写道：“真希望我能从后门溜回家中，避免与任何人打照面。”

坎贝尔绝不是唯一一个备感失望的人。爱因斯坦曾预测光线偏折的程度，但从这方面讲，1914 年日食观测的失败却是因祸得福。它为历史带来了重要的转折点：这时，爱因斯坦才发现自己犯了一个错误。

接下来的 1915 年，在掌握了数学中一个叫作黎曼几何的重要分支后，爱因斯坦列出了一组方程，用于描述质量和引力如何相互作用——这便是广义相对性理论。

广义相对论的基本思想很简单。牛顿认为时间和空间是绝对而分立的，但爱因斯坦却认为二者互相结合，形成如今所说的连续时空。不仅如此，爱因斯坦还认为时空并非平直：它不像台球桌一样坚硬平坦，而是处处存在卷曲，形成山峰和沟壑。它更像一张富有弹性的蹦床，当人站到上面时就会下陷。牛顿认为引力是一种力，让物体沿曲线运动；而在爱因斯坦看来，那些弯曲的路径是物体在连续时空的山谷之间滚动时留下的轨迹。

更确切地说，牛顿认为，行星沿曲线绕太阳转动，是因为太阳的引力在持续地拽住行星；但爱因斯坦说，那是时空沿特定形状扭曲所导致。我们还是用蹦床打比方：把一个重物（比如保龄球）放在上面，蹦床——即连续时空——就会凹陷。这时，如果你让一个玻璃珠滚过蹦床，它的运动路径就会因凹陷的存在而弯曲。

在太阳系内，牛顿的理论与爱因斯坦的理论之间相差极小，但对于太阳附近的物体则稍大一些。这立刻让爱因斯坦注意到了水星及其反常运动。

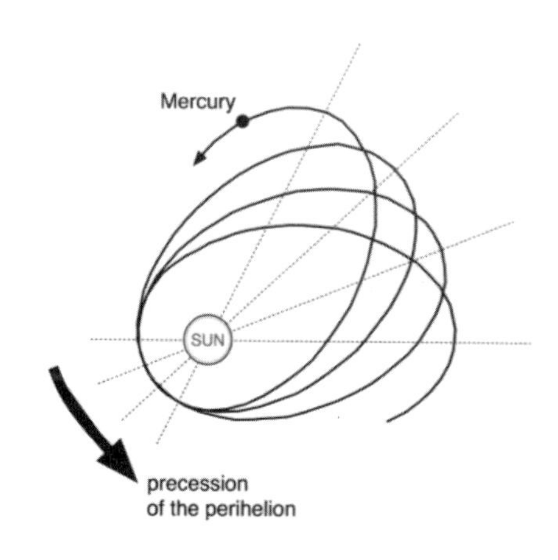

水星绕太阳运动的轨道类似螺旋线，这使得它距离太阳最近的位置近日点绕太阳进动。

他使用广义相对论计算了水星近日点的进动，得到结果为每百年 43 角秒，恰等于观测结果中牛顿理论所无法解释的部分。“我因愉悦和兴奋不能自已，”爱因斯坦回忆自己完成计算的那一刻时说：“水星近日点运动的计算结果给我带来了极大的满足。”他立刻着手计算太阳引力对光线的偏折程度。

使用完整的广义相对论方程组进行计算后，得出的结果想必让他大吃了一惊：光线被太阳偏折的角度为 1.74 角秒，几乎是先前计算值的二倍。如果坎贝尔在 1914 年成功地观测到了日食，那么爱因斯坦恐怕会事后修正他的理论以与观测值相符，从而无法得到世界的认可和赞颂。但好在历史并非如此。

212

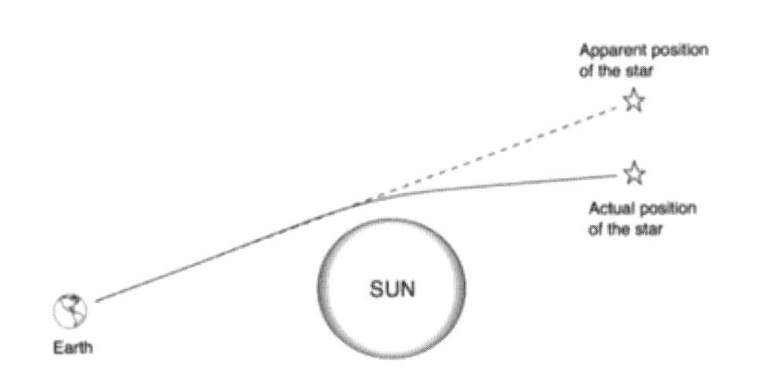

太阳的引力场造成星光偏折。

真实的故事是，在 1915 年 11 月 25 日，爱因斯坦在普鲁士科学院的一次会议上进行了报告，宣布广义相对论可以解释水星近日点的进动速率，以及理论给出星光的偏折角度应为 1.74 角秒。但由于第一次世界大战的爆发，他的报告未能立刻传至非德语国家。但有一个人，荷兰莱顿大学的威廉·德西特尔（Willem de Sitter），得知了这个消息：因荷兰在战争中保持中立，德西特尔得以接触到爱因斯坦的工作。

德西特尔立刻得到了爱因斯坦发表的一篇论文，上面详细叙述了预测内容。文章充斥着大量复杂艰深的数学计算，几乎没有数学家能看懂，德西特尔本人也是如堕五里雾中。但他知道有人或许能明白。于是，尽管当时德国和英国正在交战，双方包括科学家在内的公民互相指责对方不道德的行动导致了史无前例的大量伤亡和破坏，德西特尔还是将这篇出自德国科学家之手的文章发给了一位英国的天文学家——剑桥大学的阿瑟·埃丁顿（Arthur Eddington）。

* * * * *

埃丁顿自幼擅长数数。年轻时，他曾试图数清《圣经》中共有多少个字母，不过据说他在数到《创世记》的结尾后便放弃了。与他共同欣赏晴朗夜空的人总是记得，每次谈话中断时，埃丁顿就会仰起头开始数天上的星星。对数数的热情很自然地将他引向与数字打交道的路途上，并从此一头扎进了数学。19岁时，他获得了奖学金，在剑桥的三一学院学习数学。四年后，他参加了竞争性极高的荣誉学位（Tripos）考试，并得到了“首席”（Senior Wrangler）的荣誉。1913年毕业后，他被任命为剑桥大学的教授，并收获了毁誉参半的评价：说他最差劲的人称他每次讲课都是从半道开始讲，不到下课点绝不停下；说他最好的人则是因为学生们事后证实，他讨论的许多课题都十分具有深度和广度，尽管他的思维不太容易跟上，但阐述的主要思想却让人印象极为深刻。还有一个很重要的特点贯穿了埃丁顿的一生：他是公谊会教徒，信奉非暴力主义。

1916年，当战争中的伤亡者持续增加时，英国政府规定所有18岁到41岁的未婚男子都有义务服兵役。是年埃丁顿34岁，尽管他视力不佳而或许可以免于参军，但出于谨慎的性格还是准备声明拒绝。然而不等他付诸行动，受到英国军方高层青睐的皇家天文学家弗兰克·戴森（Frank Dyson）便介入其中，称埃丁顿作为一名科学家，继续进行他的学术研究才是对国家更大的帮助。准备受理埃丁顿的请求的特别法庭同意了，于是埃丁顿得以继续留在剑桥大学。

但到了1918年春，战局对英国变得愈发不利。德军的侵略愈演愈烈，英军需要更多的士兵。特别法庭通知埃丁顿，他提交的豁免申请无法通过，需要参军。这次，埃丁顿在审理团面前称，基于自己的宗教信仰，他再次申请豁免，可还是遭到了拒绝。戴森再次介入，他给审理团成员写信说，英国政府已经给了他1000英镑的资金来准备在第二年5月份观测一场日全食。他称这次行动“极为重要”，并提到埃丁顿教授“能力出众，完全胜任观测任务”，请求法庭准许埃丁顿参加行动。

214

当埃丁顿于1918年7月再次出现在特别法庭时，审理团成员想要了解关于日食的更多内容。埃丁顿向他们解释1919年5月29日将要发生的日食是检验爱因斯坦理论的最佳时机，因为在那一天太阳将位于一团亮星群（毕星团）的正前方，对于测量星光的偏折再好不过。而且这次日食的全食期间异常地长，可达近7分钟。审理团没有讨论更多，而是决定同意他接下来的12个月里不必服兵役，只要后者在这段期间内确是在准备观测日食。

埃丁顿立刻着手开始准备，但由于战局持续，他很难找到有闲暇又足够熟练的工人来制作他所需要的极为精密的仪器。幸运的是，英军很快在战场上得利，并于11月11日签署了停战条约。在那以后，人们终于可以集中精力进行日食观测的准备了。

与其他任务繁多的考察队不同，埃丁顿的团队只集中于一项目标：拍摄太阳近旁的星星。他组织了两支队伍，分别派往两地，以减小恶劣天气的影响。他自己率领前往西非的普林西比岛的队伍，而他的同事、皇家格林威治天文台的安德鲁·克罗姆林（Andrew Crommelin）则会在巴西东北部的索布拉尔市进行观测。

215

两支队伍同时启程，3 月 8 日从利物浦出发，六天后抵达马德拉岛，并在那里各奔东西。克罗姆林很快找到了一艘船，带上助手和设备去了巴西；埃丁顿则有些不确定能否找到交通工具，毕竟停战条约签署才过了数个月，船只的航行日程仍然被视为机密。终于，在等待了四个星期后，一艘名为“葡萄牙号”的船出现了。埃丁顿和助手带着设备，于日食发生五个星期前的 4 月 23 日抵达了普林西比岛。

埃丁顿立刻发现普林西比岛的气候极其恶劣。暴雨是日常便饭，每当雨势减弱又会出现许多蚊子。即使可以忍受大雨和蚊虫，还要面对来自猴子的威胁：每时每刻都会有至少一只猴子溜进营地里，试图偷取设备的一些小零件。

日食当天早晨，天气变得更糟了。队伍成员经历了他们所见过的最大的暴风雨。到了中午，日食开始两小时前，雨止住了，但天空仍是乌云密布。

当全食开始时，日冕环绕下的黑色月面透过云层依稀可见。埃丁顿描述，到了这个时候，他们也“只能按照预定程序进行，祈望老天保佑”。

“我因忙于更换曝光底板而无暇目睹日食，只是在开始时瞄了一眼天空，确认全食的确开始了，然后在中途抽空又瞄了一眼，看看云层到底有多厚。”他们拍摄了共16张照片，曝光时间从2秒到20秒不等。其中有12张底板上没有拍到任何星星，有2张只拍到了两颗，剩下的2张各拍到了五颗。日食结束后，所有照片都被冲洗出来，埃丁顿粗略地测量了星星的位置。星光看上去似乎的确发生了偏折，但眼下他无法确定究竟偏折了多少。他给伦敦的戴森发了一封电报：“穿云拍摄。希望尚存。”

216

在索布拉尔市的克罗姆林则要幸运得多。他在索布拉尔市骑师俱乐部旗下一处赛马场的大看台旁边架设了观测设备，并向希望借助望远镜一睹夜空的当地群众们销售了门票。他们还获准自由使用巴西的第一台汽车；当地的一家肉类加工厂为他们提供了冰块，用来控制冲洗照片时所用化学试剂的温度。天气情况也十分理想。克罗姆林和助手们共拍摄了七张照片，其中有的照片上出现了多达七颗星星。他没有进行初步的测量，但还是给戴森发了一封电报：“日食好极了。”

考察队7月回到英国，接下来花了数个月的时间仔细测量日食照片上星星的位置，并与天空中同一片区域没有太阳出现时的照片进行对比。1919年11月6日，在伦敦召开的皇家科学院和皇家天文学会的联合会议上，观测结果公布了出来。

皇家天文学家戴森首先发言。“对照片进行仔细分析后，我相信它们验证了爱因斯坦的预测。”他继续说：“前往索布拉尔和普林西比岛的考察队带来的结果不容置疑地表明，从太阳边缘穿过的星光的确发生了偏折，偏折程度正如爱因斯坦的广义相对论所预言。”

埃丁顿接着发言。他强调，太阳引力导致的星光偏折仅仅是广义相对论给出预言的**第二项**；第一项则是对水星近日点进动的计算结果。他还展示了日食照片的测量结果。在普林西比岛上拍摄的照片给出的偏折角度为 1.98 角秒，而在索布拉尔市拍摄的照片上则显示为 1.61 角秒，二者的平均值为 1.79 角秒：这与爱因斯坦给出的预测值 1.74 角秒相当接近。

第二天，11 月 7 日，伦敦的《泰晤士报》在头版刊文报道，标题为:《科学革命 / 宇宙新理论 / 牛顿理论被推翻》。报道的正文中向读者介绍相对论为“人类思想最重要的声明——至少也是之一”。文章作者还写道“至今尚无人能简单而清楚地陈述爱因斯坦的理论”。

217

自那一天起，公众对爱因斯坦、他的新理论和环绕他周身的神秘气场的兴趣便与日俱增。

*　*　*　*　*

现在，天文学家们急切地想要确证埃丁顿的工作结果。1922 年，各国共派出了七支日食考察队，其中有三支队伍成功拍摄到了太阳周边的星群，并发现星光的确按照爱因斯坦所预测的程度发生了偏折。在 1929 年、1936 年、1947 年、1952 年和 1973 年的日全食中进行的观测也给出了同样的结果。

然而，对爱因斯坦理论最精确的验证却并非来自观测星光的偏折，而是无线电波（例如，可见光便是一种电磁辐射）被太阳的引力造成的弯曲。这类观测并不需要日食：每当太阳经过某个遥远宇宙射电源（例如类星体）的前方时，我们就可以进行测量。人们已进行了多次这类测量，得到结果与预测值相差不到百分之一，这是对广义相对论强有力的验证。自此，天文学开辟了一块新的领域，人们利用可见光和无线电波一起测量远处星系的质量，并据此确定宇宙中暗物质的总量。

对 1919 年日食的重要性的讨论通常到此就告一段落了。然而，它影响的范围却远远超出了天文学界。于我而言，这是史上最重要的一次日食观测，因为它引出了自古以来便存在的两个最基本的问题：知识是什么，真相又是什么？

218

* * * * *

当埃丁顿发表了他们的日食观测结果并证实了爱因斯坦对星光偏折程度的预测时，卡尔·波珀（Karl Popper）17 岁，是住在维也纳的一名学生。和全世界的其他人一样，波珀和他的同学们对此结果感到震惊，因为它出人意料，而且为新的现实提供了依据。一年后的 1920 年，波珀聆听了爱因斯坦介绍其理论的一次讲座。“它远远超出了我的理解能力，”波珀写道。但他也表示，这些内容“对我智慧的发展产生了深远的影响”。

爱因斯坦的理论激起了波珀的好奇心，因为它与沿用了数百年的牛顿理论在基本的框架上有着明显的区别。牛顿引入了一个神秘的力量——引力，来控制从苹果掉落到星体运转的一切现象，整个世界基于看似显然的定律之上。而爱因斯坦则提出时空为一种连续体，不论是苹果还是行星都依赖于该连续体的形状而运动。对波珀而言，最重要的是，爱因斯坦给出了一个确切的、无人曾知晓的预测：星光会被引力弯曲至一定程度。在讲座中，爱因斯坦也说，如果他的预测是错误的，那么他的理论也必然不正确。

因此，波珀写道，“我得出结论，科学的态度正是批判的态度：它不是寻求确证，而是等待批判性的、可以**反驳**理论的测试。”据此，波珀认为科学与非科学可以得到区分，也得到了区分知识与真相的方法：一个理论应该是可以被证伪的。

波珀说，证实一个理论很容易。占星术士一直都在这样做：他们总是给出预言，其中的一部分在事后得到证实。但这并不能让占星术成为一种科学。波珀工作的核心——他从爱因斯坦和1919年日食观测结果中得到的灵感——在于，一个想法应该是可以被验证为**错误**的。正是理论的可**证伪性**使得它能够被认为是科学或者不是科学。换句话说，一个科学的理论永远无法被证明是正确的，它只能被证明不是错误的。

219

这成为波珀科学哲学中的核心思想，他的工作影响了今天科学研究进行的方式。实际上，波珀提出的用于区分科学与非科学的方法（他称之为“划界线”）早已被如今的科学界广泛采纳，指责某科学家提出的理论无法被证伪不啻于最为刺耳的打击和侮辱。

可以说，通过1919年的日全食，埃丁顿验证了爱因斯坦大胆的预测，也为上述想法的诞生提供了灵感。

第十三章
灿烂日冕

正像温柔甜蜜的月食夜，

两颗灵魂在情人的嘴唇间相会。①

——珀西·比希·雪莱（Percy Bysshe Shelley），

《解放了的普罗密修斯》（*Prometheus Unbound*），1820

他是小数点的发明人，这意味着他也是第一个用小数点分隔整数与分数、极大地化简了长计算的人——那是在

① 译文引自《解放了的普罗密修斯》，邵洵美译，上海译文出版社。——译者注

1593年，他发表了一本书，其中讲到如何使用星历表。约十
221 年前的1582年，他写了一篇长论文，来解释如何调整日历以将逐渐演变为夏季节日的复活节重新排到早春。但，在更早之前，他出于纯粹的偶然，曾极其幸运地两度站在月亮的暗影中。这个人就是耶稣会神父克里斯托弗·克拉维于斯（Christopher Clavius）。

他第一次看到日全食是在1560年，当时他还是在葡萄牙求学的一名大学生。他对那次事件的描述十分有限而简陋，没有任何关于太阳形貌的描述，只是提到"天空中出现群星"，以及"惊异地目睹了"鸟儿停止啼鸣回到巢穴的一幕，除此以外再无只言片语。好在他对第二次日食的描述多少具有一些科学意义。

第二次是在1567年，彼时克拉维于斯已是罗马某耶稣会学院中的一名数学讲师。该年4月9日，正午（据他的记录），天空显著地变暗。这次他描述了太阳的形貌，写到自己看到了"在月影的四周有一个窄而显眼的圆环"。乍一看，这似乎是一次日环食：当月亮距离地球太远时，它便无法完全遮住太阳，
222 留下一个光环。然而现代的计算显示，当时从罗马看来，那必定是一次日全食。也就是说，记录中提到的"窄而显眼的圆环"便是历史上首个关于日冕的描述了。

下一个对日冕瞩目的描述直到一个半世纪后的1715年才出现，不过这次的描述则清楚了许多。描述者是埃德蒙·哈雷，他从伦敦目睹了一场日全食。日食过程中，他注意到"一个亮环……颜色苍白，似如珍珠"环绕在月亮周围，与后者同一圆心。根据此次观测，哈雷认为日冕一定是被太阳光照亮的月球

大气。直到十九世纪末期，当人们从不同地点拍摄了同一场日食的照片后，发现日冕并没有跟随月球移动，也不可能是因地球大气所致，哈雷的观点才被推翻。人们转而开始确信，日冕必然是太阳的一部分，可能是环绕在太阳周围的大气向外延展至极远而形成。

照相术的进步——更敏感的底片，更大尺寸的相机——让人们得以拍摄更加优质的照片，并据此比较不同日食期间日冕的亮度或大小有无变化。这种变化也的确被看到了。更确切地说，同一人使用同样的设备，分别在 1869 年和 1878 年的日食期间（读者或许还记得这两次日食都发生在美国上空）拍摄了两组照片，发现 1869 年的日冕比 1878 年的更亮，从太阳周围延展出来的光线也更多更远。其他视觉观测结果也支持这一说法。塞缪尔·兰利（Samuel Langley）在 1878 年从科罗拉多州派克斯峰观测并拍摄了日食，他描述日冕中最亮的部分呈“一个很窄的圆环，几乎像一条线”，并说其亮度不及他在八年前 1869 年的日食中看到的日冕。

在那之后，还有许多人看到了类似的变化。日冕的亮度及延展的光线的数量在 1869 年、1882 年和 1896 年达到峰值，而在 1878 年、1889 年和 1900 年呈现出最小值。这里面似乎存在着一个周期，长度大约为十年。而太阳的行为中还有一点也符合周期律——太阳黑子的数量。

太阳黑子是乍一看去毫无特征的、出现在太阳表面上的黑色斑点。发现太阳黑子的数量存在周期性规律的是德国天文学家萨穆埃尔·施瓦贝（Samuel Schwabe）。每逢天气晴朗，他便观察日面，一直持续了 17 年，希望能捕获掠过太阳前方的未知行星，但自然以失败告终。他在 1844 年报告了自己的发现，激起其他人也开始持续地观察太阳。很快人们便发现，太阳黑子的数量呈现大约 11 年的周期性。在极小年，有时会连续数天甚至数个星期看不到任何黑子；而在极大年，几乎每天都能看到，而且常常多达百余个。

223

人们很快便将太阳黑子数量的周期与日冕变化和光线数量的周期联系了起来。1869 年的日食后仅数个月的 1870 年，黑子的数量便出现了一个极大值；而在兰利汇报日冕暗淡、光线稀疏的 1878 年，黑子数量则达到了极小值。

还有一件事与太阳黑子的数量呈现相关性。地球的磁场通常是很平静的（可持续数年），但在太阳黑子增多时，却会突然发生剧烈的扰动。这意味着黑子与太阳磁场活动密切相关。

于是，一切都联系起来了。太阳黑子与太阳磁场有关；黑子数量越多，日冕越活跃。那么，日冕便有可能是因太阳磁场的活动而产生的。但熟悉日食历史的人立刻对此提出了疑问。对日冕的描述自 1715 年以来大量涌现，但在那之前却屈指可数（克拉维于斯的描述便是其中之一）。这是否意味着，太阳的磁场直到最近才开始活跃起来？

十九世纪九十年代，伦敦皇家天文台的沃尔特·蒙德（Walter Maunder）对此问题进行了研究。他发现，虽然自 1715 年之后，黑子的数量呈现周期性，但在此之前的 70 年（即 1645 年以来）里却没有任何人看到黑子。再向前追溯，又可以找到一些可靠的黑子观测记录。结论是显然的：在一段时间内——如今被称为蒙德极小期（Maunder Minimum）——太阳上没有出现任何黑子。蒙德极小期到 1715 年为止，在那之后，便又有了许多关于太阳黑子和日冕的观测报告。

除此之外，极光——偶尔出现在夜空、常见于南北两极地区的闪烁光带——同样也与黑子数量、即与太阳活动有关。1645 年到 1715 年间，有关极光的报告也十分罕见，而在 1715 年之后再次大量出现。这一切都证实了，在 1715 年太阳磁场的活动突然增强，并维持至今。

224

但在十七世纪以前呢？彼时，人类还没有发明望远镜，而望远镜对于观测并记录太阳黑子十分重要。另外，直到文艺复兴和启蒙运动等时期以后，人们才更加习惯于书写日记和信件，在那之前留下的有关极光和日食的书面记录也就更少了。还有别的方法能确定当时太阳活动的状况吗？有。

地球大气中放射性碳元素（即碳 14）的含量与太阳活动的强弱有关。太阳每时每刻都在向外喷出一股带电粒子，我们称之为太阳风。当太阳风流过地球时，它便形成一道屏障，为地球阻挡来自太阳系外部的宇宙射线。当太阳活动剧烈时，太阳风吹得更强，可以更好地阻挡宇宙射线。一部分宇宙射线进入高层大气，与其中的氮原子碰撞，将其转变成碳 14 原子。也就是说，当太阳活动增强时，氮原子转化为碳 14 原子的比率就会降低，从而使大气中碳 14 的含量减少。

树木的年轮中记载了碳 14 的周年变化。大树每长一岁，就会多一圈年轮。只要测定年轮中碳 14 的含量，就有可能确定某一年大气中碳 14 的含量。[*]测定结果验证了蒙德的发现：1715 年以后，大气中碳 14 的含量降低，说明太阳的活动更加剧烈了。它证实了蒙德极小期从 1645 年持续到 1715 年，同时还发现了更早的一段极小期，从 1420 年持续到 1530 年。

225

实际上，根据树木年轮中碳 14 的含量，我们可以追溯到约 1000 年前太阳活动的强弱程度。那更早的时期该怎么办呢？我们有另外一个指示器。

每年，南北两极地区都会降雪。积雪逐年堆叠，旧雪会被新雪的重量挤压，久而久之，便在冰中形成层状结构。钻取冰芯，我们就可以得到一层层的记录。若仔细检查，就可以分辨出每一年的积雪，以及冰雪之间存在的微小气泡——当年的大气就被封存在那些气泡里。

通过研究冰芯和其中的古代大气样本，我们发现了许多事情。这些记录可以一直追溯到数千年之前，清晰地显现出季节的变化，以及数次灾难性的火山爆发发生的时间——那些爆发让整个星球披上了一层火山灰。我们还根据样本中另一种同样由宇宙射线产生的放射性元素——铍 10，得知了太阳在历史时期的活动性。

冰芯中封存的大气样本中含有的铍 10 记录同样验证了蒙德极小期和之前的从约 1420 年到 1530 年的极小期的存在。记录还揭示了，在近 3000 年来的大部分时间里，太阳的活动都很平

---

* 因碳 14 具有放射性，我们必须考虑到它的衰变引起的修正。由于衰变速率固定，修正十分简单。

静。这意味着生活在中世纪或更早时期的人们没多少机会看到明亮而线条丰富的日冕，也解释了为何在早期的书写记录中鲜见有关日冕的描述。不过，冰芯记录中包含的信息要远多于此。

在公元前七世纪到公元前三世纪之间，曾经有三个时期，太阳活动十分剧烈。每个时期持续了约 80 年，由于它们都可能包含了数个太阳黑子周期，因而也被（非正式地）叫作高极大期（grand maxima）。

眼下我们正处在一个高极大期中。虽然目前的太阳黑子序列（series of sunspots）[①] 始于 1715 年，但最近的几个周期中，尤其是 1940 年之后，黑子的数量异常地多。这也是最近一段时间人们看到了一系列壮丽辉煌的日冕的原因。但这段高极大期也终将——很快——迎来结束。

226

如果说过去数千年以来太阳活动的历史可以在一定程度上反映出未来的变化，那么目前的高极大期已经持续了近 80 年，可能即将迎来结束。实际上，已经有一些迹象支持该说法。最近的一次黑子周期于 2014 年迎来高年，却是黑子数自 1906 年以来最低的一个峰值。下一次的低年将出现在 2019 年，随后是一个相当温和的高年（2025 年）。所有研究太阳的科学家以及日食观测者好奇的问题是，下一个黑子序列究竟会不会出现。如前文所述，现在的序列从 1715 年猝然开始。虽然我们不知道引起太阳活动变化的物理机制，但至少不应奇怪于现在的高极

① 原书中为“cycle of sunspots”。此处意指多个（一系列的）太阳黑子周期，即黑子周期的序列。使用 cycle（周期）一词，易与单个黑子周期混淆。与作者讨论后，修改为此。——译者注

大期即将结束。

若真是如此，这意味着我们的人生中最辉煌的日冕已经过去。我们的儿孙会看到的日冕将要黯淡许多。实际上，一些太阳物理学家认为下一个蒙德极小期已经开始，并将持续至少100年——留给我们的只有昏暗的日冕。

*　*　*　*　*

在日全食期间，我们能看到的日冕其实有两个：一个是“假”日冕，一个是“真”日冕*。二者中更亮的那个——即亮度和结构发生变化、日全食中被拍摄最多的——是真日冕。当兰利于1878年站在派克斯峰顶，看到空中的日冕比1869年他所看到的要昏暗许多时，他所指的就是真日冕；而他看到的从太阳两侧向外延展至很远的两束稀薄光线，即为假日冕。

227

假日冕更容易理解，我们先来说说它。它由环绕在太阳周围的许多小而坚硬的粒子（大约和房间里的尘埃差不多大）组成，这些粒子也是位于地球轨道平面上的更多微小粒子中的一部分，正是它们导致了夜空中黄道光（zodiacal light）的出现。

黄道光是天空中一片弥散的白色辉光，日落后一个小时内出现在西边的地平线附近，或是在日出前出现在东边地平线附近。本质上，它是被微小粒子散射的太阳光。也就是说，假日

* 在专业文献中，它们的准确名称分别是“F日冕”和“K日冕”。不过在这里，我们不必使用那些正式的叫法。

冕并非太阳或太阳大气的一部分，也不会在黑子周期中改变亮度或形状。这些微小粒子的来源目前尚无定论，因为目前人们没有获得任何样本。根据黄道光出现在黄道面上下相当远处来看，最可信的解释是粒子可能来自碎裂的彗星——出于某种原因，它们在木星附近解体。

真日冕的本质则要复杂许多。

我们先来说说历史。最先用“日冕”（corona）这个词形容该现象的人是西班牙天文学家若泽·华金·德费雷尔（José Joaquín de Ferrer），他在1806年来到美国纽约的金德胡克（位于奥尔巴尼南部）观看了日全食。在报告中，他提到日冕发出的光比满月更亮。（1806年接近太阳活动高年，因此真日冕要比往常更亮一些。）他还提到月面的黑色与环绕在四周的“光辉冕环”形成了鲜明对比。1842年，弗朗西斯·贝利在意大利目睹了一场日全食，将看到的日冕“明亮的辉光”比作圣人画像头顶上的光环。还有许多人在西班牙目睹了1860年的日全食，其中不乏拍摄了照片的人，他们都提到仅凭裸眼可以看到比使用望远镜更精细的日冕结构。所有这些说法和描述都十分生动，却无一提及日冕的本质。正如前文所述，直到1868年人们才认识到日冕实际上是太阳的一部分。在此之前，人们只知道日冕极为稀薄，因为在日食期间，透过日冕有时甚至可以看到星星。

228

对真日冕本质研究的首次科学突破出现在1869年，查尔斯·杨（Charles Young）和威廉·哈克尼斯（William Harkness）各自独立地在日冕的光谱中看到了一条绿线。杨和哈克尼斯未能将此线与当时已知的任何化学元素关联起来，于是依照发现了氦元素的詹森（Janssen）和洛克耶（Lockyer）的做法，提议日冕光谱中的绿线代表了一种新的化学元素，并将其命名为冕素（coronium）。

后续的日食观测发现了更多的日冕谱线，而这些同样无法与任何已知元素形成关联。人们逐渐倾向于不相信冕素的存在，尤其是在二十世纪的第二个十年间，门捷列夫的元素周期表几乎已被填满，容不下新的元素了。问题陷入僵局，直到 1933 年人们观测到了蛇夫星座（Ophiuchus）中的一颗恒星爆发。

加利福尼亚州威尔逊山天文台的沃尔特·亚当斯（Walter Adams）获得了该恒星的光谱。他惊讶地发现，其中有五条日冕谱线，包括杨和哈克尼斯发现的那条绿线。这意味着那些谱线对应的元素并非太阳独有的。接下来，德国波茨坦的瓦尔特·格罗特里安（Walter Grotrian）获知了亚当斯的结果后，凭借直觉认为爆发恒星周围的物理环境可能比正常恒星周围的要更加极端。他特别提出，亚当斯观察到的星光可能源于比太阳更加炽热而稀薄的环境。这意味着亚当斯得到的光谱中的那些谱线是“禁忌线”，即原子在极端条件（环绕在原子核周围的绝大部分电子都被剥离）下产生的光谱线。格罗特里安与瑞典物理学家本特·埃德伦（Bengt Edlén）取得了联系，后者主要从事高温环境下原子光谱的实验研究。到了 1941 年，进行了大量实验后，埃德伦有了回答：杨和哈克尼斯发现的绿色日冕谱线并非源自新的化学元素，而是由高度电离的铁原子（有一半核外电子被电离）发出的谱线。这立刻导致了一个令人震惊的结论：根据其他光谱测量，人们已经得知太阳表面的温度大约是

229

6000度；然而若要将铁原子一半的电子剥离，日冕的温度竟然要达到**200万度**！

这是一个美妙的结果，解释了日冕的许多特征。它解释了为什么真日冕会从日盘向外延展那么远：如此高的温度意味着原子具有更高的能量脱离太阳引力的束缚*。它也解释了为何真日冕会形成射线和环带状结构：极高温导致所有原子的核外电子被剥离，成为自由电子，并沿着磁场线运动，从而形成多变的模样。它同样解释了太阳风的起源：数百万度的日冕物质膨胀的热量驱动了自由电子和其他粒子向外喷射。

然而超高的温度又引发了另一个疑惑：为什么真日冕如此炽热？这个问题至今仍是太阳物理学中的重要问题之一，许多人都提出了不同的见解。

太阳是一个巨大的气体球（准确地说，是等离子体球）。它太热了，以至于原子核外的电子可以被全部剥离，只剩下赤裸裸的原子核。太阳的核心深处则还要热得多——由氢聚变提供能量，同时生成氦——而这些热量导致太阳的外层搅动，或者说发生对流。自由电子与原子核的对流形成了复杂的磁场结构，同时将部分磁场携带至光球层；在那里，磁力线（想象一根条形磁铁周围的场线）扭曲、纠缠，偶尔还会断裂。磁力线断裂时，磁场中储存的能量就会被释放。每秒钟，这一过程都会发生数百万次，它可能正是加热日冕的能量源。

230

* 若真日冕的温度只有数千度，那么其中的自由电子便无法具有足够的能量克服太阳的引力逃逸至足够远的地方，而现于日全食期间。

同时，对流还会让磁场产生波动。这些波动同样携带能量，并向上传播，穿过光球层，进入日冕，从而加热日冕。至于这两个机制中哪一个才是主要的，以及是否存在其他机制，目前仍然处于争论中。

* * * * *

日全食转瞬即逝，值得看的东西太多，而时间却太有限。它从月亮的剪影触碰明亮日盘的一刹那开始，这一瞬间被叫作初亏（first contact）。

月亮需要花费一个多小时才能完全遮住太阳。在此期间，太阳的一部分仍然可见，这一部分叫作光球层（photosphere），它是太阳发出的所有可见光的源头，也正是这儿发出的光照亮并加热了地球。人们通常将光球层视为太阳的“表面”，尽管实际上太阳并不存在任何固体的部分。组成光球层的气体十分稀薄，比地球水平面的大气密度低 10000 倍。然而，太阳的边缘看上去仍然十分鲜明而锐利，这是因光球层大气的透光度急剧减小所致：在短短数英里的范围内，它从完全透明迅速变为几乎密不透光。我们还需要知道，太阳黑子存在的地方也正是光球层。

随着月亮逐渐蚕食日盘，地球接收到的阳光显著减少。但由于人类的眼睛可以自动调节而适应弱光环境，直到全食开始前的数分钟，人们才会逐渐察觉到亮度的变化。此时，动物们已经开始做出反应，地面上可能会突然刮起大风。埃德蒙·哈

231

雷在 1715 年便注意到了这样一阵气流，当时“寒意和湿冷伴随黑暗出现”，让观众“感到一阵恐惧”。当太阳逐渐消失在月亮背后时，地面开始降温，导致地表的暖空气停止上升，从而改变风速和风向。同时，气温也可能会明显下降，伴随雾的形成。与此相对，没有证据表明日食会改变云的模样，这可能是因为日食的时间太短，不足以改变上层大气的温度。

随着全食临近，周围的景色迅速改变，让人目不暇接。月亮的影子即将自西向东掠过大地，来自太阳的最后几缕光线穿过月球上的山谷与沟壑，形成贝利珠。日冕开始显现，尽管一开始它十分昏暗。

然后，在食既（second contact）时，所有的阳光都被遮挡。在盖住最后一缕阳光的月面边缘，可以看到一条明亮的红线；它的持续时间非常短，只有数秒钟。那条红线是色球层（chromosphere），位于光球层之上。最先清晰地对它进行描述的是乔治・艾里。1842 年，他在意大利通过望远镜观看一场日食，看到了明亮的红色结构，形似山峰。这些“山峰”如今被叫作针状体（spicules），通过照片可以看得比艾里清楚许多。它更像起伏的浪花，或者是燃着熊熊大火的草原。实际上，它们由数百万条喷气流组成。这一层气体比光球层气体稀薄 100 万倍，而温度则还要高出约 5000 度。

在被遮挡的日盘边缘，还可能见到一个或更多个日珥。日珥同样是一团炽热的气体，升腾得比色球层还要高，形成拱门状或不规则的团状。因（来自黑子等区域的）强磁场的约束，它们可以较长时间维持在这一高度。

232

再然后，便是弗朗西斯·贝利所描述的日冕“明亮的辉光”了。不同于地球的磁场，太阳的磁场并非一个简单的偶极子，而是由许多对极性相反的区域组成，这些区域形成于太阳内部复杂的对流模式。日冕中的条带状丝线是太阳大气中的自由电子，它们因散射照向自己的光而变得可见，类似光束中的尘粒。由于这些自由电子受到扭曲磁场的约束，日冕的形状也便反映了磁场的结构。因此，日冕没有固定的模样，它无时无刻不在变化着。

很快，全食就要结束了。阳光重现的刹那叫作生光（third contact），此时日盘和月盘第三次相切。当月亮从太阳面前完全移开时，我们称这一刻为复圆（fourth contact）。

如今，只要查询日食预测表，就可以很方便地得知以上四个时刻发生的确切时间。这些预测时间代表了智慧探寻的终点，也代表了四千余年来世界各地知识的积累。宇宙的运行如此错综复杂，对它的深入理解是现代思想的显著特征，也是我们将自身与寰宇相系的现代方式。

233

尾声

伊利诺伊州，2017

今年将有日全食，秋季不定什么时候。[①]

——詹姆斯·乔伊斯（James Joyce），

《尤利西斯》（*Ulysess*），1922

除了地球，太阳系内没有哪个行星可供人站在上面观看日全食。水星和金星没有卫星；火星的两个卫星（火卫一

① 译文引自《尤利西斯（上卷）》，萧乾、文洁若译，译林出版社，2005年。——译者注

和火卫二）距离火星太远，无法完全遮住太阳，于是在火星天空中不会出现日全食；木星、土星、天王星和海王星身边倒是有许多卫星，其中或许会至少有一个会大到可以遮住太阳，但目前没有观测到符合条件的卫星。冥王星的卫星卡绒（Charon）距离前者太近了，几乎遮住了大半个天空和从那儿看去小得不能再小的太阳，于是在冥王星冰冻的表面上同样看不到日全食。

235

需要指出的是，即便是在地球上，日全食也不是永远可以看到的：它终有一天会消失。这是因为月亮在潮汐作用下正逐渐远离地球。于是，在数亿年后的某一天，月亮在天空中的大小将总是小于日盘，从而无法完全遮住太阳。届时，不论居住在这颗行星上的是何种生物，它们都无法看到宇宙中最为壮观的一幕奇景了。

不过，我们是幸运的。我们仍然生活在可以看到并且预测日月食的时代。我们可以提前数年预测某一次日食或月食发生的时间和地点，并做好一切准备来观赏日、月、地球三点连一线的景象。可以说，在搜寻日月食时，我们便在积极成为宇宙级巧合的一部分了。

2017 年 8 月 21 日，日食带穿越了美国的十二个州，其中包括五个州的首府 *。而在短短七年后的 2024 年 4 月 8 日，全食带将再次覆盖美国的十六个州和加拿大的两个省。这也让伊利诺伊州的卡本代尔镇在接下来的数年里有了足够的资格称自

* 它们分别是俄勒冈州的塞勒姆市，内布拉斯加州的林肯市，密苏里州的杰斐逊城，田纳西州的纳什维尔市和南卡罗来纳州的哥伦比亚市。2017 年日全食的本影带差一点就覆盖了爱达荷州的博伊西城和堪萨斯州的托皮卡市。

已是美国的日食首都：在 2017 年，它的全食期间是 2 分 38 秒（比在这次日食中全食期间持续最长的城市只短了两秒钟）；而在 2024 年，它将经历的全食期间可达惊人的 4 分零 8 秒 *。只是舒坦地待在同一个地方，就可以享受总共近七分钟的全食时间！不过，卡本代尔镇将很快失去日食首都的头衔，因为下一次日全食将于 2045 年 8 月 12 日发生，其全食带会覆盖十五个州，从伊利诺伊州南部、卡本代尔镇以南约 250 英里处穿过。届时，新的美国日食首都将是阿肯色州的奥拉镇。该镇目前的人口约为 1000；而在 2024 年 4 月 8 日，以及 2045 年 8 月 12 日，将有数万人聚集在这个小镇上。

236

于是，我们来到了终点。日月食诞生于宇宙级别的巧合，如今我们可以精确地预测它们。但真正驱使人们动身前去目睹——以及它们在人类历史上占据了一席之地——的原因是，它们总能让人心生敬畏。不论是恺撒、君士坦丁、蒙巴顿大帝、莫奈[①]，还是任何曾经存在过或者即将诞生的人，可以肯定的是，正像我们将一如既往地做的那样，他们必定曾经或是将会抬头仰望天空中消失的太阳或月亮，并惊叹于所目睹的壮丽景象。

237

* 我们不妨来做个对比。弗吉尼亚大学利安德麦考密克天文台（Leander McCormick Observatory）的前任台长、二十世纪最锲而不舍的日食追逐者塞缪尔·米切尔（Samuel Mitchell）在 30 年间旅行了超过 50000 英里，目睹了 5 次日全食；但他经历的全食期间加起来也只有约 12 分钟。

① 克洛德·莫奈（Claude Monet, 1840.11.14—1926.12.5），法国画家，印象派代表人物及创始人之一。——译者注

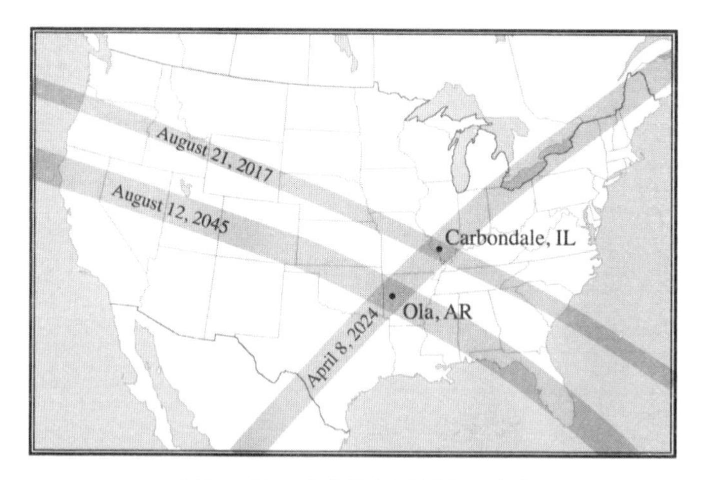

2000—2050 年间穿越美国的日全食

附录
日月食入门

日食是太阳的暗示。

——埃米莉·狄更生，1862

日食只会在新月时发生，月食只会在满月时发生——这是关于日月食的一条基本知识。

当月亮移动到地球和太阳之间，使其影子落在地球上时，就会发生**日食**。当月亮移动到地球的阴影内，使地球位于太阳和月亮之间时，就会发生**月食**。

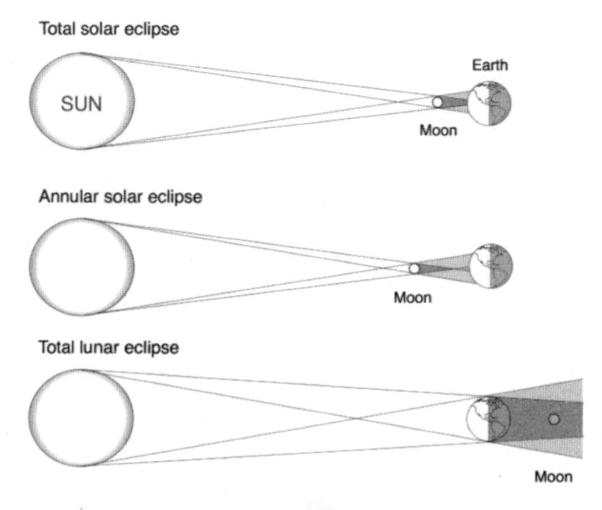

日 / 月全食时的几何关系

如果太阳和月亮都沿同一条轨迹在天空中运动，那么每个月都会发生一次日食和一次月食。但实际上，它们的轨迹并不完全重合。（用稍微复杂一点的话来解释：月球绕地球公转的轨道平面与地球绕太阳公转的平面之间存在很小的夹角。两个平面的交线即为月球交点的连线。）这种差异使得太阳的轨迹（为椭圆形）与月亮的轨迹在天空中的两个点相交，此交点被称为月球交点。只有当太阳和月亮**同时**靠近交点时，日食或月食才会发生。若二者靠近同一交点，发生的便是日食；若二者分别靠近不同交点，发生的则是月食。

根据太阳被月亮遮挡的程度划分，共有三种日食。站在地球上的人若看到月亮没有从太阳正前方经过，看到的便是**日偏食**，太阳形似弯月；若看到月亮从太阳正前方经过，则分两种情况，分别对应地球和月球之间的不同距离。

地球和月球之间的距离会发生变化，因为月球的公转轨道是一个椭圆。当月球距离较远时，它在天空中看起来要比太阳小一些，那么当它从太阳正前方经过时，便无法完全遮住日盘，留下一条细环。这被称为**日环食**。而当月球靠近地球时，它看起来比太阳大一些，形成的便是**日全食**。

与此对应地，月食也分为三种。太阳并非天空中的一个点，而是位于远方的一个天体。地球遮挡太阳光，其阴影在背阳侧会形成两个同心圆。内圆叫作**本影**，如果一个人站在本影内，太阳就会被完全遮挡住，看不到任何直射光线。内圆和外圆之间的环带被称作**半影**，如果一个人站在半影内，可以看到一部分太阳和直射的阳光。

如果月球只穿过地球的半影区，就会出现半影月食；如果月球进入半影区，同时只有一部分进入本影区，形成的就是**月偏食**；如果月球穿过半影区，并完全进入本影区，形成的就是**月全食**。

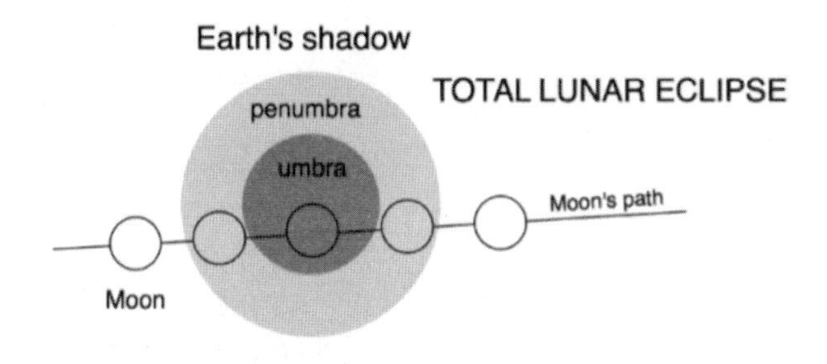

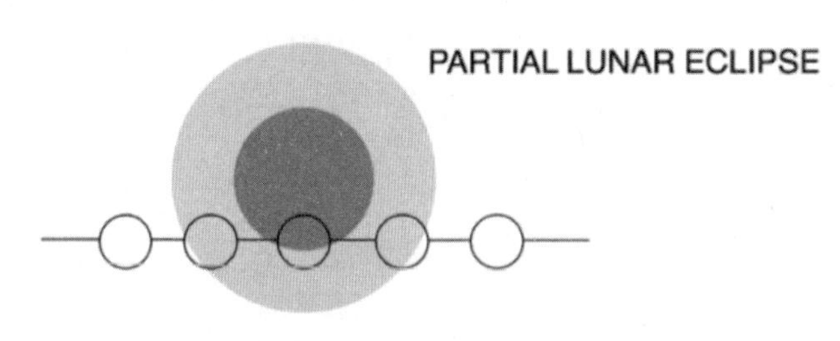

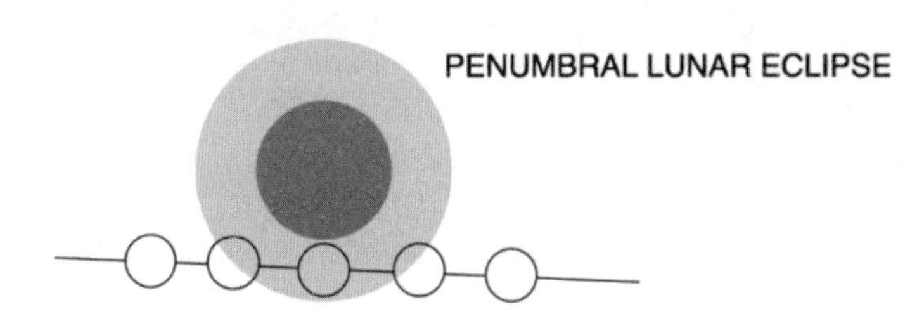

根据月球经过地球阴影区的方式不同，可以形成三种月食。

以下是关于日月食的一些基本数字：

• 每十二个月都会发生至少四次日月食：两次日食和两次月食。

• 在一个日历年内，最多可以出现七次日月食。最近的一次出现在 1982 年，该年内发生四次日食和三次月食。下一次可看到七次日月食的年份是 2038 年，该年内会发生三次日食和四次月食。

• 每年至少会发生两次日食。上一个仅发生两次日食的年份是 2004 年。

• 一年内最多可发生五次日食。1805 年和 1935 年曾分别发生过五次日食；下一次将会在 2206 年。

• 一个日历年内最多可发生两次日全食。下一个出现两次日全食的年份是 2057 年。

• 一个日历年内最多可发生三次月全食。上一次是在 1982 年；下一次将会出现在 2485 年。

• 一个日历年内可能**不会**出现月全食。2016 年和 2017 年都没有出现月全食（2016 年出现了两次半影月食；2017 年出现了一次半影月食和一次月偏食）。下一个没有月全食的年份是 2020 年。

致谢

人间的明月安然度过了她的晦蚀。[1]

——威廉·莎士比亚，十四行诗第107首，

作于约1605年

人们总是成群结队地观看日月食，而我则更愿意独自静静观赏。在写这本书时，我也是孤身一人。

这并不意味着没有同时代的人影响了我对日月食的看法。其中排在首位的便是布鲁斯·比尔（Bruce Bill），数年

① 译文引自《莎士比亚全集40：十四行诗》，梁实秋译，中国广播电视出版社。——译者注

来，每当我们在一起讨论（几乎天天如此）时，他都会讲述月亮和行星如何运转并互相发生作用，从而激起我的好奇心。理查德·泰里莱（Richard Terrile）指导我进行首次日全食的观测。在偶然的机会中，汤姆·皮克（Tom Peek）向我保证下一次观看时，天空一定是晴朗的。威尔弗雷德·谷川（Wilfred Tanigawa）曾与我进行多年有益的讨论，他曾站在自家门前的台阶上打算看一场日全食；那天预报说是阴天，但他还是看到了。

不过我最感激的，还是那些与我相距甚远的人。其中包括许多古人，如巴比伦国王的仆从伊拉西－以卢（Irassi-ilu），他是第一个写下月食预测并警告其后果的人。他用楔形文字写道："在第三十天，月亮从天空消失之时，大地上将有敌军喧嚷。"罗马国的将军、历史学家修昔底德在伯罗奔尼撒战争中记录了三次日食。阿方索十世以他的远见让手下的数学家收集了所有关于月亮运动的知识，并据此编制了第一份月历表，从而使规律预报月食变为可能。我必须提到伊萨克·牛顿以及他在1707年发表的有关月球运动的理论，还有埃德蒙·哈雷和他绘制的1715年日全食本影带地图为所有渴望观看日食的人带来的影响。詹姆斯·费尼莫尔·库珀（James Fenimore Cooper）、弗吉尼亚·吴尔夫和阿德尔贝特·施蒂夫特留下了许多目睹日月食的精彩记录。我时常回想起阿萨夫·霍尔，他不仅发现了火星的两颗卫星，还曾为了观看一场日全食而花费一个月横渡太平洋，从旧金山到堪察加半岛，却因天气不佳只看到了满天的乌云。

在写作中，有三本书为我提供了极大的帮助。梅布尔·卢米斯・托德的《日全食》（*Total Eclipse of the Sun*）用平白浅显的语言讲述了日食背后的科学，以及十九世纪前它的历史。杰克・齐克尔（Jack Zirker）的《日全食》（*Total Eclipse of the Sun*）对托德的书进行了扩充，同样讲述了关于日食的历史和科学。还有塞缪尔・A. 米切尔的《日食》（*Eclipses of the Sun*），书中用诱人的笔触介绍了许多日食观测的第一手资料，还包括一系列精美的日食图画和照片。

我还必须向两个人表示衷心的感谢。一位是我的经纪人劳拉・伍德（Laura Wood），她总能为我的写作提供恰当的见解。另一位是我的编辑杰西卡・凯斯（Jessica Case），她用圣人般的宽怀原谅了我的数次拖稿。两人的努力与付出贯穿了本书写作的始终。

参考文献

真的有日食吗?

——亚里士多德，公元前四世纪

关于日食的记载很多，以下列出的文献是对本书有影响的参考资料，每个都有其独特的珍贵价值。

一般参考文献

Cottam, Stella and Wayne Orchiston. *Eclipses, Transits, and Comets of the Nineteenth Century: How America's Perception of the Skies Changed.* New York: Springer, 2015.

Dreyer, J.L.E. *History of the Planetary Systems from Thales to Kepler.* Cambridge, England: Cambridge University Press, 1906.

Dyson, Frank and R.v.d.R. Woolley. *Eclipses of the Sun and Moon*. Oxford, England: Clarendon Press, 1937.

Kelley, David H. and Eugene F. Milone. *Exploring Ancient Skies: A Survey of Ancient and Cultural Astronomy.* Second edition. New York: Springer, 2011.

Lankford, John. *History of Astronomy: An Encyclopedia.* New York: Garland Publishing, 1997.

Levy, David H. *The Starlight Night: The Sky in the Writings of Shakespeare, Tennyson, and Hopkins*. New York: Springer, 2016.

Mitchell, Samuel Alfred. *Eclipses of the Sun*. New York: Columbia University Press, 1924.

Pasachoff, Jay M. "Solar eclipses as an astrophysical laboratory," *Nature*, 459, 789–795, 2009.

Schove, D. Justin. *Chronology of Eclipses and Comets AD 1–1000*. Dover, N.H.: Boydell Press, 1984.

Todd, Mabel Loomis. *Total Eclipses of the Sun*. Boston: Roberts Brothers, 1894.

Westfall, John and William Sheehan. *Celestial Shadows: Eclipses, Transits, and Occultations*. New York: Springer, 2015.

Zirker, Jack B. *Total Eclipses of the Sun*. New York: Van Nostrand Reinhold Company, 1984.

章节参考文献

序言　纽约，1925 年

"Corona Splendor, Size Startled the Scientists," *Brooklyn Daily Eagle*, p.16, January 25, 1925.

"Eclipse Conditions Ideal, Flashes Giant Los Angeles," *Brooklyn Daily Eagle*, p.1, January 24, 1925.

"Flashes on Phone Trace 'Totality' Through the East," *Brooklyn Daily Eagle*, p.16, January 25, 1925.

Lamson, E. A. "The total solar eclipse of January 24, 1925," *Popular Astronomy*, 33, 523–526, 1925.

"Measurements of natural light during the solar eclipse of the sun, January 24, 1925," *Transactions of the Illuminating Engineering Society*, 20, No. 6, 565–628, July 1925.

"Most Perfect Eclipse, Declare Scientist on L.I.," *Brooklyn Daily Eagle*, p.16, January 25, 1925.

Pollock, Captain Edwin T., U.S.N. "Studying the eclipse from the *Los Angeles*," *McClure's Magazine*, 1, no. 2, new series, 9–22, June 1925.

"Scientific Observation of Eclipse on Dirigible *Los Angeles* Successful," *Standard Union* (Brooklyn, New York), p.1, January 24, 1925.

"Scientists on *Los Angeles* Praise First Dirigible Eclipse Flight," *New York Times*, p.1, January 25, 1925.

"Scientist View 'Celestial Glory' from Dirigible," *Brooklyn Daily Eagle*, p.4, January 24, 1925.

第一章　异端与教皇

Anderson, Zoë. *The Ballet Lover's Companion*. New Haven, Conn.: Yale University Press, 2015.

Azzolini, Monica. "The political uses of astrology: predicting the illness and death of princes, kings and popes in the Italian Renaissance," *Studies in the History and Philosophy of Biological and Biomedical Sciences*, 41, 135–145, 2010.

Bonnerjea, Biren. "Eclipses among ancient and primitive peoples," *Scientific Monthly*, 40, no. 1, 63-39, 1935.

Campanella, Tommaso. *Selected Philosophical Poems of Tommaso Campanella: A Bilingual Edition*. Translated and annotated by Sherry Roush. Chicago: University of Chicago Press, 2011.

The Chronicle of John of Worcester: Volume III—The annals from 1067 to 1140 with The Gloucester Interpolations and The Continuation to 1141. Edited and translated by P. McGurk. Oxford, England: Clarendon Press, 1998.

Dooley, Brendan. *Morandi's Last Prophecy and the End of Renaissance Politics*. Princeton, N.J.: Princeton University Press. 2002.

Duncan, David Allen. "Campanella in Paris: Or, how to succeed in society and fail in the Republic of Letters," *Cahiers du Dix-septime: An Interdisciplinary, Journal*, 5, no.1, 95-110, 1001.

Ernst, Germana. *Tommaso Campanella: The Book and the Body of Nature*. Translated by David L. Marshall. New York: Springer, 2010.

Forshaw, Peter J. "Astrology, ritual and revolution in the works of Tommaso Campanella (1568-1639)," *The Uses of the Future in Early Modern Europe*. Edited by Andrea Brady and Emily Butterworth. London: Routledge, 181-197, 2009.

Gadbury, John. *Vox Solis: or, an Astrological Discourse of the Great Eclipse of the Sun, which Happened on June 22, 1666*. London: printed by James Cotterel, 1667.

Harrison, Mark. "From medical astrology to medical astronomy: Sol-lunar and planetary theories of disease in British medicine, c. 1700-1850," *British Journal for the History of Science*, 33, no. 1, 25-48, March 2000.

Hicks, Michael. *Anne Neville: Queen to Richard III*. Stroud, England: Tempus Publishing, 2006.

Horrox, Rosemary. *The Black Death*. Manchester, England: Manchester University Press, 1994.

Knobel, E. B. "On the astronomical observations recorded in the 'Nihongi,' the ancient chronicle of Japan," *Monthly Notices of the Royal Astronomical Society*, 66, 67-74, 1905.

Lepori, Gabriele. "Dark omens in the sky: do superstitious beliefs affect investment decisions?" *Copenhagen Business School Working Paper*, June 2009. (available at SSRN: http://dx.doi.org/10.2139/ssm.1428792)

Mayer, Thomas F. *Roman Inquisition on the Stage of Italy, c. 1590-1640*. Philadelphia: University of Pennsylvania Press, 2013.

Melvin, L. W. "Te Wahatoa of the Ngatihaua," *The Journal of the Polynesian Society*, 71, no. 4, 361-378, 1962.

Mitchell, Rose and Charlotte Johnson Frisbie. *Tall Woman: The Life Story of Rose Mitchell, a Navajo Woman, c. 1874-1977*. Albuquerque, N.M.: University of New Mexico Press, 2001.

Oestmann, Gunther, H. Darrel Rutkin, and Kocku von Stuckrad. *Horoscopes and Public Spheres: Essays on the History of Astrology*. Berlin: Walter de Gruyter, 2005.

Parascandola, John. *Sex, Sin, and Science: A History of Syphilis in America*. Westport, Conn.: Praeger, 2008.

Pope John Paul II. *On the Relationship between Faith and Reason. (Encyclical Letter Fides et Ratio of the Supreme Pontiff John Paul II to the Bishops of the Catholic Church on the Relationship between Faith and Reason)*. November 1998.

Rietbergen. Peter. *Power and Religion in Baroque Rome: Barberini Cultural Policies*. Leiden, Netherlands and Boston: Brill, 2066.

Sawyer, J.F.A. and F. R. Stephenson. "Literary and astronomical evidence for a total eclipse of the sun observed in ancient Ugarit on 3 May 1375 B.C.," *Bulletin of the School of Oriental and African Studies*, 33, no. 3, 467–489, 1970.

Scalzo, Joseph. "Campanella, Foucault, and Madness in Late-Sixteenth Century Italy," *Sixteenth Century Journal*, 21, no. 3, 359–372, 1990.

Snedegar, Keith. "Astronomical practices in Africa south of the Sahara," *Astronomy Across Cultures: The History of Non-Western Astronomy*. Edited by Helaine Selin. New York: Springer, 455–474, 2000.

Walker, D. P. *Spiritual and Demonic Magic: From Ficino to Campanella. Volume 22. Studies of the Warburg Institute*. London: The Warburg Institute, University of London, 1958.

Weech, William Nassau. *Urban VIII: Being the Lothian Prize Essay for 1903*. London: Archibald Constable & Co., 1905.

Yeomans, Donald K. "The origin of North American astronomy—seventeenth century," *Isis*, 68, no. 3, 414–425, September 1977.

第二章　看不见的行星：罗睺与计都

Castleden, Rodney. *The Making of Stonehenge*. London: Routledge, 1994.

Friedlander, Michael W. "The Cahokia sun circles," *Wisconsin Archeologist*, 88, no. 1, 78–90, 2007.

Hamacher, Duane and Ray P. Norris. "'Bridging the Gap' through Australian cultural astronomy," *International Symposium on Archaeoastronomy & Astronomy in Culture*. Edited by Clive Ruggles, 282–290, 2011.

Hartner, Willy. "The pseudo planetary nodes of the moon's orbit in Hindu and Islamic iconographies," *Ars Islamica*, 5, no. 2, 112–154, 1938.

Hawkins, Gerald S. "Stonehenge decoded," *Nature*, 300, 306–308, 1963.

Hoyle, Fred. *On Stonehenge*. San Francisco: W.H. Freeman and Company, 1977.

Kaulins, Andis. "The Sky Disk of Nebra: evidence and interpretation." (available at: http://www.megaliths.net/nebraskydisk.pdf)

Kuehn, Sara. *The Dragon in Medieval East Christian and Islamic Art. Islamic History and Civilization, vol. 86*. Leiden, Netherlands and Boston: Brill, 2011.

Lawson, Andrew J. "The structural history of Stonehenge," *Proceedings of the British Academy*, 92, 15–37, 1997.

Malville, J. McK, R. Schild, F. Wendorf, and R. Brenmer. "Astronomy of Nabta Playa," *African Skies*, 11, 2–7, July 2007.

Markel, Stephen. "The imagery and iconographic development of the Indian planetary deities Rahu and Ketu," *South Asian Studies*, 6, 9–26, 1990.

Meller, Harald. "The Sky disc of Nebra," *The Oxford Handbook of the European Bronze Age*. Edited by Harry Tokens and Anthony Harding. Oxford, England: Oxford University Press, 2013.

Murray, William Breen. "Petroglyphic counts at Icamole, Nuevo Leon (Mexico)," *Current Anthropology*, 26, no. 2, 276–279, 1985.

———. "Numerical representation in North American rock art," *Native American Mathematics*. Edited by Michael P. Closs, 45–70, 1997.

———. "Boca de Potrerillos," *Handbook of Archaeoastronomy and Ethnoastronomy*. Edited by Clive Ruggles, 669–679, New York: Springer, 2015.

Pásztor, Emília. "Nebra disk," *Handbook of Archaeoastronomy and Ethnoastronomy*. Edited by Clive Ruggles, 1349–1356, New York: Springer, 2015.

Robbins, Lawrence H. "Astronomy and prehistory," *Astronomy Across Cultures: The History of Non-Western Astronomy*. Edited by Helaine Selin. New York: Springer, 31–52, 2000.

Ruggles, Clive "Current issues in archaeoastronomy," *Observatory*, 116, 278–285, 1996.

———. "Brainport Bay," *Ancient Astronomy: An Encyclopedia of Cosmologies and Myth*. Santa Barbara, Calif.: ABC-Clio, 48–50, 2005.

———. "Stonehenge and its landscape," *Handbook of Archaeoastronomy and Ethnoastronomy*. Edited by Clive Ruggles, 1224–1238, New York: Springer, 2015.

Smith, John. "Choir Gaur; The Grand Orrery of the ancient Druids, commonly called Stonehenge, on Salisbury Plain, astronomically explained and mathematically proved to be a Temple erected in the earliest Ages, for observing the Motions of the Heavenly Bodies," *Monthly Review*, 63, 353–357, 1770.

Smith, Walter. *The Muktesvara Temple in Bhubaneswar*. Delhi: Motilal Banarsidass Publishers, 1994.

Vahia, Mayank N. and B. V. Subbarayappa. "Eclipses in ancient India," *4th Symposium on History of Astronomy*. NOAJ, Japan, January 13–14, 2011. Edited by Mitsuru Soma and Kiyotaka Tanikawa. 2011.

Weiss, Peter L. "Reflections on refraction," *Science News*, 138, 236–237, October 13, 1990.

第三章　沙罗与被替代的王

Aveni, Anthony. *Empires of Time: Calendars, Clocks, and Cultures*. New York: Basic Books, 1989.

———. *Stairways to the Stars: Skywatching in Three Great Ancient Cultures*. New York: John Wiley & Sons, 1997.

———. *Skywatchers: A Revised and Updated Version of Skywatchers of Ancient Mexico*. Austin, Texas: University of Texas Press, 2001.

Boardman, John and others. *The Cambridge Ancient History*. Second edition, vol. III, Part 2, *The Assyrian and Babylonian Empires and other States of the Near East, from the Eighth to the Sixth Centuries* B.C. Cambridge, England: Cambridge University Press, 1991.

Carman, Christián C. and James Evans. "On the epoch of the Antikythera mechanism and its eclipse predictor," *Archive for History of Exact Sciences*, 68, 693–774, 2014.

Cawthorne, Nigel. *Alexander the Great*. London: Haus Publishing Limited, 2004.

Edmunds, M. G. "An initial assessment of the accuracy of the gear trains in the Antikythera Mechanism," *Journal for the History of Astronomy*, 42, no. 3, 307–320, 2011.

Freeth, Tony. "Eclipse prediction on the ancient Greek astronomical calculating machine known as the Antikythera mechanism," *PLOS ONE*, 9, issue 7, 1–15, July 2014.

Harber, Hubert E. "Five Mayan eclipses in thirteen years," *Sky and Telescope*, 50, 72–74, 1969.

Jong, Matthijs J. de. "Chapter 5: Function of the Prophets," *Isaiah Among the Ancient Near Eastern Prophets*. Leiden, Netherlands and Boston: Brill, 2007.

Koetsier, Teun. "Phases in the unraveling of the secrets of the gear system of the Antikythera Mechanism," *International Symposium on History of Machines and Mechanisms*. Edited by H.-S. Yam and M. Ceccarelli, 269–294, 2009.

Krupp, E. C. *In Search of Ancient Astronomers*. New York: McGraw-Hill, 1978.

Lambert, W. G. "A part of the ritual for the substitute king," *Archiv for Orientforschung*, 18, 109–112, 1957/1958.

Meeus, Jean. "The frequency of total and annular solar eclipses for a given place," *Journal of the British Astronomical Association*, 92, no. 3, 124–126, 1982.

Nawotka, Krzyszlog. *Alexander the Great*. Cambridge, England: Cambridge Scholars Publishing, 2010.

Neugebauer, O. *The Exact Sciences in Antiquity*. Providence, R.I.: Brown University Press, 1957.

Parpola, Simo. *Letter from Assyrian Scholars to the Kings Esarhaddon and Ashurbanipal. Part II. Commentary and Appendices*. vol. 5, no. 2 in the series *Alter Orient und Altes Testment*. Verlag Button & Bercker, 1983

Sellers, Jane. *The Death of Gods in Ancient Egypt*. London: Penguin Books, 1992.

Timmer, David E. "Providence and perdition: Fray Diego de Landa justifies his inquisition against the Yucatecan Maya," *Church History*, 66, no. 3, 477–488, 1997.

Toth, Andrew. *Missionary Practices and Spanish Steel*. Bloomington: iUniverse, 2012.

Walton, John H. "The imagery of the substitute king ritual in Isaiah's Fourth Servant Song," *Journal of Biblical Literature*, 122, no. 4, 734–743, 2003.

第四章　丈量世界

Bleichmar, Daniela, Paula De Vos, Kristin Huffine, and Kebin Sheehan. *Science in the Spanish and Portuguese Empires, 1500–1800*. Stanford, Calif.: Stanford University Press, 2009.

Broughton, Peter. "Astronomy in seventeenth-century Canada," *Journal of the Royal Astronomical Society of Canada*, 75, 175–208, 1981.

Dugard, Martin. *The Last Voyage of Columbus: Being the Epic Tale of the Great Captain's Fourth Expedition, Including Accounts of Mutiny, Shipwreck, and Discovery.* New York: Little, Brown and Company, 2005.

Edwards, Clinton R. "Mapping by questionnaire: An early Spanish attempt to determine New World geographical positions," *Imago Mundi*, 23, 17–28, 1969.

Goodman, David C. *Power and Penury: Government, technology and science in Philip II's Spain*. Cambridge, England: Cambridge University Press, 2002.

Grimm, Florence M. *Astronomical Lore in Chaucer.* Lincoln: University of Nebraska, 1919.

Iqbal, Muzaffar. *The Making of Islamic Science.* Selangor, Malaysia: Islamic Book Trust, 2010.

James, Thomas. *The Strange and Dangerous Voyage of Captaine Thomas James.* London: John Legat, 1633.

Mackensen, Ruth Stellhorn. "Four great libraries of Medieval Baghdad," *The Library Quarterly: Information, Community, Policy*, 2, no. 3, 279–299, 1932.

Molander, Arne B. "Columbus's method of determining longitude: an analytical view," *Journal of Navigation*, 49, no. 3, 444–452, 1996.

Mundy, Barbara E. *The Mapping of New Spain: Indigenous Cartography and the Maps of the Relaciones Geograficas.* Chicago: University of Chicago Press, 1996.

Neal, Katherine. "Mathematics and Empire, Navigation and Exploration," *Isis*, 93, 435–453, 2002.

Neugebauer, O. *A History of Ancient Mathematical Astronomy.* New York: Springer, 1975.

Olson, Donald W. and Laurie E. Jasinski. "Chaucer and the Moon's speed," *Sky and Telescope*, 70, 376–377, 1989.

Pickering, Keith A. "Columbus's method of determining longitude," *Journal of Navigation*, 49, no. 1, 95–111, 1996.

Portuondo, Maria M. *Secret Science: Spanish Cosmography and the New World.* Chicago: University of Chicago Press, 2009.

——. "Lunar eclipses, longitude and the New World," *Journal of the History of Astronomy*, 40, 249–276, 2009.

Poulle, Emmanuel. "The Alfonsine Tables and Alfonso X of Castille," *Journal of the History of Astronomy*, 19, no. 2, 97–113, 1988.

Randles, W.G.L. *Portuguese and Spanish Attempts to Measure Longitude in the 16th Century.* Coimbra, 1984.

Rosen, Edward. "The Alfonsine Tables and Copernicus," *Manuscripta*, 20, 163–174, 1976.

Sen, S. N. "Al-Biruni on the determination of latitudes and longitudes in India," *Indian Journal of the History of Science*, 10, no. 2, 185–197, 1975.

Smoller, Laura. "The Alfonsine tables and the end of the world: Astrology and apocalyptic calculation in the later Middle Ages," *The Devil, Heresy & Witchcraft in the Middle Ages: Essays in Honor of Jeffrey B. Russell.* Edited by Alberto Ferreiro. Leiden, Netherlands: Brill, 211–239, 1998.

Zinner, Ernst. *Regiomontanus: His Life and Work.* Translated by Ezra Brown. Amsterdam: Elsevier, 1991.

第五章　殷墟

Ben-Menahem, Ari. "Cross-dating of biblical events via singular astronomical and geophysical events over the ancient Near East," *Quarterly Journal of the Royal Astronomical Society*, 33, 175–190, 1992.

Brickerman, E. J. *Chronology of the Ancient World.* New York: Cornell University Press, 1980.

Chou, Hung-Hsiang. "Oracle bones," *Scientific American*, 240, issue 4, 134–149, 1979.

Dong, Linfu. *Cross Culture and Faith: The Life and Work of James Mellon Menzies.* Toronto: University of Toronto Press, 2005.

Elman, Benjamin A. *On Their Own Terms: Science in China, 1550–1900.* Cambridge, Mass.: Harvard University Press, 2005.

Grafton, Anthony. *Defenders of the Text: The Traditions of Scholarship in an Age of Science, 1450–1800.* Cambridge, Mass.: Harvard University Press, 1994.

Grafton, Anthony. "Some uses of eclipses in early modern chronology," *Journal of the History of Ideas*, 64, 213–229, 2003.

Ho Peng Yoke. "Astronomy in China," *Encyclopaedia of the History of Science, Technology, and Medicine in Non-Western Cultures.* Edited by Helaine Selin. New York: Springer, 108–111, 1997.

Hung-hsiang Chou. "Oracle bones," *Scientific American*, 240, no. 4, 134–149, 1979.

Jami, Catherine. *The Emperor's New Mathematics: Western Learning and Imperial Authority During the Kangxi Reign (1662–1722).* Oxford, England: Oxford University Press, 2012.

Li Chi. *Anyang.* Seattle: University of Washington Press, 1978.

Liu, Ciyuan and others. "Examination of early Chinese records of solar eclipses," *Journal of Astronomical History and Heritage*, 6, no. 1, 53–63, 2003.

Lü, Lingfeng. "Eclipses and the victory of European astronomy in China," *East Asian Science, Technology and Medicine*, 27, 127–145, 2007.

Rudolph, Richard C. "Lo Chen-yu visits the Wastes of Yin," *Nothing Concealed: Essays in Honor of Liu Yü-yün.* Edited by Frederic E. Wakeman. Taipei: Ch'eng wen ch'u pan she, 1970. (Republished in *China Heritage Quarterly*, no. 28, December 2011.)

Salvia, Stefano. "The battle of the astronomers. Johann Adam Schall von Bell and Ferdinand Verbiest at the court of the celestial emperors," *The Circulation of Science and Technology: Proceedings of the 4th International Conference of the ESHS, Barcelona, 18–20 November 2010.* Edited by Antoni Roca-Rosell. Barcelona: SCHCT-IEC, 959-963, 2012.

Steele, John M. "The use and abuse of astronomy in establishing absolute chronologies," *La Physique au Canada (Physics of Canada)*, 59, no. 5, 243–248, 2003.

Stephenson, F. Richard. "Eclipses," *Encyclopaedia of the History of Science, Technology, and Medicine in Non-Western Cultures*. Edited by Helaine Selin. New York: Springer, 275–277, 1997.

Stephenson, F. Richard and Louay J. Fatoohi. "The eclipses recorded by Thucydides," *Historia: Zeitschrift for Alte Geschichte*, 50, no. 2, 245–253, 2001.

Sun Xiachun. "Crossing the boundaries between heaven and man: astronomy in ancient China," *Astronomy Across Cultures: The History of Non-Western Astronomy*. Edited by Helaine Selin. New York: Springer, 423–454, 2000.

Udias, Agustin. "Jesuit astronomers in Beijing, 1601–1805," *Quarterly Journal of the Royal Astronomical Society*, 35, 463–478, 1994.

——. *Jesuit Contribution to Science: A History*. New York: Springer, 2015.

Wilcox, Donald J. *The Measure of Times Past: Pre-Newtonian Chronologies and the Rhetoric of Relative Time*. Chicago: University of Chicago Press, 1987.

Yun Kuen Lee. "Building the chronology of early Chinese history," *Asian Perspectives*, 41, no. 1, 15–42, 2002.

Zhang, Qiong. *Making the New World Their Own: Chinese Encounters with Jesuit Science in the Age of Discovery*. Leiden, Netherlands and Boston: Brill, 2015.

第六章　回应好奇

Christianson, Gale E. *In the Presence of the Creator: Isaac Newton and His Times*. New York: Free Press, 1984.

Cook, Alan. *Edmond Halley: Charting the Heavens and the Seas*. Oxford, England: Claredon Press, 1998.

Forbes, Eric Gray. "The life and work of Tobias Mayer," *Quarterly Journal of the Royal Astronomical Society*, 8, 227–251, 1967.

Franklin, Benjamin. *Benjamin Franklin: Writings*. New York: Library of America, 440–442, 1987.

Gingerich, Owen. "Eighteenth-century eclipse paths," *Sky and Telescope*, 62, 324–327, 1981.

Grant, Robert. *History of Physical Astronomy from the Earliest Ages to the Middle of the Nineteenth Century*. London: Robert Baldwin, Paternoster Row, 1852.

Grier, David Alan. *When Computers Were Human*. Princeton, N.J.: Princeton University Press. 2005.

Halley, Edmond. "Observations of the late total eclipse of the sun on the 2nd of April," *Philosophical Transactions of the Royal Society*, 29, 245–62, 1715.

Leadbetter, Charles. *A Treatise of eclipses for 26 years: Commencing Anno 1715. Ending anno 1740*. London: J. and B. Sprint, 1717.

Manuel, Frank. *A Portrait of Isaac Newton*. Washington, D.C.: New Republic Books, 1968.

Pasachoff, Jay M. "Halley as an eclipse pioneer: his maps and observations of the total solar eclipses of 1715 and 1724," *Journal of Astronomical History and Heritage*, 2, 39–54, 1999.

Petit, Edison and Seth Nicholson. "Lunar radiation and temperatures," *Astrophysical Journal*, 71, 102–135, 1930.

Rolfe, Gertrude B. "The cat in law," *The North American Review*, 160, no. 459, 251–254, February 1895.

Rothschild, Robert. "Where did the 1780 eclipse go?" *Sky and Telescope*, 63, 558–560, 1982.

——. *Two Brides for Apollo: The Life of Samuel Williams (1743–1817)*. iUniverse, 2009.

Steele, John M. *Ancient Astronomical Observations and the Study of the Moon's Motion (1691–1757)*. New York: Springer, 2012.

Wepster, Steven. *Between Theory and Observations: Tobias Mayer's Explorations of Lunar Motion, 1751–1755*. New York: Springer, 2010.

Westfall, Richard S. *Never at Rest: A Biography of Isaac Newton*. Cambridge, England: Cambridge University Press, 1983.

第七章　丽岛庄园的日环

Baily, Francis. "Communications," *Monthly Notices of the Royal Astronomical Society of London*, 4, no. 2, 15–20, 1836.

——. "Some remarks on the total eclipse of the sun, on July 8th, 1842," *Monthly Notices of the Royal Astronomical Society*, 5, 208–214, 1842.

Cooper, James Fenimore. "The Eclipse," *Putnam's Monthly Review*, 352–359, 14, issue 21, 1869.

Dhir, S. P. and others. "Eclipse retinopathy," *British Journal of Ophthalmology*, 65, 42–25, 1981.

Dobson, Roger. "UK Hospitals assess eye damage after solar eclipse," *British Medical Journal*, 319, no. 7208, 469, 1999.

Herschel, John F. W. "Memoir of Francis Baily," *Monthly Notices of the Royal Astronomical Society*, 6, November 1844.

Holland, Jocelyn. "A natural history of disturbance: time and the solar eclipse," *Configurations*, 23, no. 2, 215–233, 2015.

Olson, Roberta J. M. and Jay M. Pasachoff. "Comets, meteors, and eclipses: Art and science in early Renaissance Italy," *Meteoritics & Planetary Science*, 37, 1563–1578, 2002.

——. "Blinded by the light: solar eclipses in art—science, symbolism, and spectacle." *ASP Conference Series*, 441, 205–215, 2011.

Osmond, A. H. and others. "Retinal burns after eclipse," *British Medical Journal*, 1, no. 5223, 424, 1961.

Smart, Alastair. "Taddeo Gaddi, Orcagna, and the eclipses of 1333 and 1339." *Studies in Late Medieval and Renaissance Painting in Honor of Millard Meiss. Volume I. Text.* Edited by Irving Lavin and John Plummer. New York: New York University Press, 403–414, 1977.

Vaquero José M. and M. Vazquez. *The Sun Recorded Through History.* New York: Springer, 2009.

Verma, L. and others. "Retinopathy after solar eclipse 1995," *National Medical Journal of India*, 9, no. 6, 266–267, 1996.

Woolf, Virginia. *A Writer's Diary: Being Extracts from the Diary of Virginia Woolf.* Edited by Leonard Woolf. New York: Harcourt, Brace and Company, 1953.

第八章　自然的真相

Common, A. A. and A. Taylor. "Eclipse photography," *American Journal of Photography*, 11, no. 7, 203–209, 1890.

De La Rue, Warren. "On the total solar eclipse of July 18th, 1860, observed at Rivalbellosa, near Miranda de Ebro, in Spain," *Philosophical Transactions of the Royal Society*, 152, 333–416, 1862.

Launay, Francoise. *The Astronomer Jules Janssen: A Globetrotter of Celestial Physics.* New York: Springer, 2012.

Le Conte, David. "Two Guernseymen and Two Eclipses," *The Antiquarian Astronomer. Journal for the Society for the History of Astronomy*, issue 4, 55–68, January 2008.

——. "Warren De La Rue—Pioneer astronomical photographer," *Antiquarian Astronomer. Journal for the Society for the History of Astronomy*, issue 5, 14–35, 2011.

Lockyer, J. Norman. "Notice of an observation of the spectrum of a solar prominence," *Proceedings of the Royal Society of London*, 17, 91–92, 1868.

——. "Spectroscopic Observation of the sun," *Proceedings of the Royal Society of London*, 17, 131–132, 1868.

Meadows, A. J. *Science and Controversy: A Biography of Sir Norman Lockyer.* Cambridge, Mass.: M.I.T. Press, 1973.

Nath, Biman B. *The Story of Helium and the Birth of Astrophysics.* New York: Springer, 2013.

Pang, Alex Soojung-Kim. "The social event of the season: solar eclipse expeditions and Victorian culture," *Isis*, 84, no. 2, 252–277, 1993.

Rothermel, Holly. "Images of the sun: Warren De la Rue, George Biddell Airy and celestial photography," *British Journal for the History of Science*, 26, 137–169, 1993.

Schlesinger, Frank. "Some Aspects of Astronomical Photography of Precision," *Monthly Notices of the Royal Astronomical Society*, 57, 506–523, 1927.

Sears, Wheeler M. *Helium: The Disappearing Element.* New York: Springer, 2015.

Winichakul, Thongchai. *Siam Mapped: A History of the Geo-body of a Nation.* Honolulu: University of Hawaii Press, 1994.

第九章　日食追逐者

Barker, George F. "On the total solar eclipse of July 29th, 1878," *Proceedings of the American Philosophical Society*, 18, 103–114, 1878.

Bingham, Millicent Todd. *Ancestors' Brocades: The Literary Debut of Emily Dickinson.* New York: Harper & Brothers Publishers, 1945.

Cody, John. *After Great Pain: The Inner Life of Emily Dickinson.* Cambridge, Mass.: Harvard University Press, 1971.

Coffin, J.H.C. *Reports of the Observations of the Total Eclipse of the Sun, August 7, 1869.* Washington, D.C.: U.S. Department of the Navy, 1885.

Colbert, Elias. *The Solar Eclipse of July 29, 1878.* Chicago Astronomical Society: Chicago: Evening Journal Book and Job Printing House, 1878.

Eddy, John A. "The Great Eclipse of 1878," *Sky and Telescope*, 45, 340–346, 1973.

Gay, Peter. *The Bourgeois Experience: Victoria to Freud. Education of the Senses.* Oxford, England: Oxford University Press, 1984.

Gordon, Lyndall. *Lives Like Loaded Guns: Emily Dickinson and Her Family's Feuds.* New York: Viking, 2010.

Jones, Bessie Zaban. *Lighthouse of the Skies. The Smithsonian Astrophysical Observatory: Background and History 1846–1955.* Washington, D.C.: Smithsonian Institution. 1965.

Jones, Bessie Zaban and Lyle Gifford Boyd. *The Harvard College Observatory: The First four Directorships, 1839–1919.* Cambridge, Mass.: The Belknap Press of Harvard University Press, 1971.

Kendall, Phebe Mitchell. *Maria Mitchell: Life, Letters, and Journals.* Boston: Lee and Shepard Publishers, 1896.

"Lady Observers," *Daily Denver Tribune*, p.4, July 30, 1878.

Martin, Wendy. *All Things Dickinson: An Encyclopedia of Emily Dickinson's World.* (two vols.) Santa Barbara: Greenwood Printing, 2014.

Mitchell, Maria. "The total eclipse of 1869," *Friends' Intelligencer*, 26, no. 38, 603–605, 1869.

Reports on Observations of the Total Eclipse of the Sun, August 7, 1869. Appendix. Compiled by Commodore B. F. Sands. Washington, D.C.: Government Printing Office, 1869.

Reports on the Total Solar Eclipses of July 29, 1878, and January 11, 1880. Washington, D.C.: Government Printing Office, 1880.

Sheehan, William. "The Great American Eclipse of the 19th Century," *Sky and Telescope*, 132, 36–40, 2016.

Todd, David P. *American Eclipse Expedition to Japan, 1887. Preliminary Report (Unofficial) on the Total Solar Eclipse of 1887.* Amherst, Mass.: The Observatory, 1888.

———. "Automatic photography of the sun's corona," *Popular Astronomy*, 421, 309–317, 1933.

Todd, Mabel Loomis. *Corona and Coronet.* Boston: Houghton, Mifflin and Company, 1898.

———. "In the Moon's shadow," *Harper's Weekly*, 50, no. 2562, 120–123, 1906.

———. *Tripoli the Mysterious.* Boston: Small, Maynard and Company, 1912.

Woff, Cynthia Griffin. *Emily Dickinson.* New York: Alfred A. Knopf, 1986.

Wright, Helen. *Sweeper in the Sky: The Life of Maria Mitchell, First Woman Astronomer in America.* New York: MacMillan Company, 1949.

第十章 钥匙和定音鼓

Adair, James. *The History of the American Indians.* London: Edward and Charles Dilly, 1775.

Anderson, Rani-Henrik. *The Lakota Ghost Dance of 1890.* Lincoln: University of Nebraska Press. 2008.

Barragan, Deborah I., Kelly E. Ormond, Michelle N. Strecker, and Jon Weil. "Concurrent use of cultural health practices and Western medicine during pregnancy: exploring the Mexican experience in the United States," *Journal of Genetic Counsel,* 20, 609–624, 2011.

Benedict, Ruth Fulton. "A brief sketch of Serrano culture," *American Anthropologist,* new series, 26, no. 3, 366–392, 1924.

Boas, Frank. *The Mythology of the Bella Coola Indians. Memoirs of the American Museum of Natural History. Part 2.* New York: G.P. Putnam's Sons, 1898.

Branch, Jane E. and Deborah A. Gust. "Effect of solar eclipse on the behavior of a captive group of chimpanzees (*Pan troglodytes*)," *American Journal of Primatology,* 11, issue 4, 367–373, 1986.

Bright, Thomas, Frank Ferrari, Douglas Martin, and Guy A. Franceschini. "Effects of a total solar eclipse on the vertical distribution of certain oceanic zooplankton," *Limnology and Oceanography,* 17, no. 2, 296–301, 1972.

Buff, Rachel. "Tecumseh and Tenskwatawa: Myth, historiography and popular memory," *Historical Reflections,* 21, no. 2, 277–299, 1995.

Dillard, Anne. "Total Eclipse," *Teaching a Stone to Talk: Expeditions and Encounters.* New York: Harper & Row, 1982.

Edmunds, R. David. *The Shawnee Prophet.* Lincoln: University of Nebraska Press, 1983.

Elliot, J. A. and G. H. Elliot. "Observations on bird singing during a solar eclipse," *Canadian Field Naturalist,* 88, 213–217, 1974.

Frazer, James George. *The Golden Bough: A Study in Magic and Religion.* twelve volumes. New York: MacMillan and Co., 1919.

Gray, Thomas R. *The Confessions of Nat Turner.* Baltimore: Lucas Deaver, 1831.

Greene, John C. "Some aspects of American astronomy 1750–1815," *Isis,* 45, no. 4, 339–358, 1954.

"Hindus use total eclipse for rituals," *Eugene Register-Guard,* page 10A, October 25, 1995.

Jortner, Adam. *The Gods of Prophetstown: The Battle of Tippecanoe and the Holy War for the American Frontier.* Oxford, England: Oxford University Press, 2012.

Lawrence, T.E. *Seven Pillars of Wisdom: A Triumph.* New York: Doubleday, 1926.

Lévi-Strauss, Claude. *The Raw and the Cooked: Introduction to a Science of Mythology. I.* New York: Harper & Row, Publishers, 1964.

Masur, Louis P. *1831 Year of the Eclipse.* New York: Hill and Wang, 2001.

McIlwraith, Thomas Forsyth. *The Bella Coola Indians, Volume 1.* Toronto: University of Toronto Press, 1948.

Metevelis, Peter. *Myth in History. Volume 2 of Mythological Essays.* San Jose, Calif.: Writers Club Press, 2002.

Mooney, James. *The Ghost-Dance Religion and the Sioux Outbreak of 1890*. Washington, D.C.: Government Printing Office, 1896.

Poole, DeWitt C. *Among the Sioux of Dakota: Eighteen months experience as an Indian Agent*. New York: D. Van Nostrand, 1881.

Russo, Kate. *Total Addiction: The Life of an Eclipse Chaser*. New York: Springer, 2012.

Sahagún, B. *Florentine Codex, Book 3—The Origins of the Gods*. Translated by A.J.O. Anderson and C. E. Dibble. *School of American Research Monographs, number 14, Part IV*. Salt Lake City: University of Utah Press, 1953.

Sanchez, Oscar, Jorge A. Vargas, and William Lopez-Forment. "Observations of bats during a total solar eclipse in Mexico," *Southwestern Naturalist*, 44, no. 1, 112–115, 1999.

Shylaja B. S. and Geetha Kaidala. "Stone inscriptions as records of celestial events," *Indian Journal of History of Science*, 47, no. 3, 533–538, 2012.

Svangren, M. L. "Observations of the solar eclipse, July 28, 1851," *Monthly Notices of the Royal Astronomical Society*, 12, 43–72, 1852.

Tylor, Edward B. *Primitive Culture: Researches into the Development of Mythology, Philosophy, Religion, Art, and Custom*. Two volumes. London: John Murray, 1871.

Wheeler, William Morton, Clinton V. MacCoy, Ludlow Griscom, Glover M. Allen, and Harold J. Coolidge Jr. "Observations on the behavior of animals during the total solar eclipse of August 31, 1932," *Proceedings of the American Academy of Arts and Sciences*, 70, no. 2, 33–70, 1935.

第十一章　耶稣受难日与协和式飞机

Espenak, Fred and Jean Meeus. *Five Millennium Catalog of Solar Eclipses: -1999 to +3000 (2000 BCE to 3000 CE), NASA/TP-2008-214170*, Greenbelt, Maryland: National Aeronautics and Space Administration, Goddard Space Flight Center, 2009.

Harkness, William. "Total solar eclipse, Aug. 19, 1887," *Sidereal Messenger*, 7, no. 1, 1–9, 1888.

Humphreys, Colin J. and W. G. Waddington. "Dating the Crucifixion," *Nature*, 306, 743–746, 1983.

Léna, Pierre. *Racing the Moon's Shadow with Concorde 001*. New York: Springer, 2016.

Morrison, Leslie. "The length of the day: Richard Stephenson's contribution," *New Insights From Recent Studies in Historical Astronomy: Following in the Footsteps of F. Richard Stephenson*. Edited by Wayne Orchiston, David A. Green and Richard Strom. New York: Springer, 3–10, 2015.

Ruggles, Clive. "The Moon and the crucifixion," *Nature*, 345, 669–670, 1990.

Schaefer, Bradley E. "Lunar visibly and the crucifixion," *Quarterly Journal of the Royal Astronomical Society*, 31, 53–67, 1990.

Schlesinger, Frank and Dirk Brouwer. "Biographical memoir of Ernest William Brown 1866–1833," *National Academy of Sciences, Biographical Memoirs, Sixth Memoir*, 21, 243–273, 1939.

Steel, Duncan. *Marking Time: The Epic Quest to Invent the Perfect Calendar.* New York: John Wiley & Sons, 2000.

——. *Eclipse: The Celestial Phenomenon that Changed the Course of History.* Washington, D.C.: John Henry Press, 2001.

Steele, John M. *Ancient Astronomical Observations and the Study of the Moon's Motion (1691–1757).* New York: Springer, 2012.

Stephenson, F. Richard. "Historical eclipses and earth rotation: 700 BC–AD 1600," *Highlighting the History of Astronomy in the Asia-Pacific Region. Proceedings of the ICOA-6 Conference.* Edited by Wayne Orchiston, Tsuko Nakamura, and Richard Strom. New York: Springer, 3–20, 2011.

Stephenson, F. Richard. *Applications of Early Astronomical Records.* New York: Oxford University Press, 1978.

Stevens, Albert W. "Photographing the Eclipse of 1932 from the Air," *National Geographic,* 62, no. 5, 581–586, 1932.

Stewart, John Q., and James Stokley. "Observations of the eclipse of 1937 June 8 from near the noon point," *Publications of the Astronomical Society of the Pacific,* 49, no. 290, 186–189, 1937.

Wahr, John. "The Earth's rotation rate," *American Scientist,* 73, 41–46, 1985.

Wilson, Curtis. *The Hill-Brown Theory of the Moon's Motion: Its Coming-to-be and Short-lived Ascendancy (1877–1984).* New York: Springer, 2010.

第十二章　爱因斯坦的错误

Albrecht, Sebastian. "The Lick Observatory-Crocker Expedition to Flint Island," *Journal of the Royal Astronomical Society of Canada,* 2, no. 3, 113–131, 1908.

Baum, Richard P. and William Sheehan. *In Search of Planet Vulcan: The Ghost in Newton's Clockwork Universe.* New York: Springer, 1997.

Crelinsten, Jeffrey. "William Wallace Campbell and the 'Einstein Problem': An observational astronomer confronts the theory of relativity," *Historical Studies in the Physical Sciences,* 14, no. 1, 1–91, 1983.

Eddington, Arthur S. *Space Time and Gravitation: An Outline of the General Relativity Theory.* Cambridge, England: Cambridge University Press, 1921.

Einstein, Albert. "Einfluss der Schwerkraft auf die Ausbreitung des Lichtes (On the influence of gravitation on the propagation of light)," *Annalen der Physik,* 34, series 4, 898–908, 1911. [English translation in Lorentz, H. A., A. Einstein, H. Minkowski, and H. Weyl. *The Principle of Relativity: A Collection of Original Memoirs on the Special and General Theory of Relativity.* Dover Publications, 97–108, 1923.]

——. *Relativity: The Special and General Theory.* New York: Henry Holt, 1920.

Fontenrose, Robert. "In search of Vulcan," *Journal for the History of Astronomy,* 4, 145–158, 1973.

Glass, Ian S. "Chapter 7. Arthur Eddington: Inside the stars," *Revolutionaries in the Cosmos: The Astro-Physicists.* Oxford, England: Oxford University Press, 198–234, 2006.

Kragh, Helge. "'The most philosophically important of all the sciences': Karl Popper and physical cosmology," *Perspectives on Science*, 21, no. 3, 325–357, 2013.

Lequeux, James. *Le Verrier—Magnificent and Detestable Astronomer.* New York: Springer, 2013.

Levenson, Thomas. *The Hunt for Vulcan: . . . And How Albert Einstein Destroyed a Planet, Discovered Relativity, and Deciphered the Universe.* New York: Random House, 2015.

Le Verrier, Urbain. "Le Verrier's report on the solar eclipse of July 18, 1860, at Tarazona in Spain," *American Journal of Science and Arts*, 30, second series, 309–312, 1860.

Malville, J. McKim. "The eclipse expeditions of the Lick Observatory and the dawn of astrophysics," *Mediterranean Archaeology and Archaeometry*, 14, no. 3, 283–292, 2014.

Moyer, Donald Franklin. "Revolution in science: the 1919 eclipse test of general relativity," *On the Path of Albert Einstein.* Edited by Berham Kursunoglu, 55–101, 1979.

Osterbrock, Donald E., John R. Gustafson, and W. J. Shiloh Unruh. *Eye on the Sky: Lick Observatory's First Century.* Berkeley: University of California Press, 1988.

Pearson, John C., Wayne Orchiston, and J. McKim Malville. "Some highlights of the Lick Observatory solar eclipse expeditions," *Highlighting the History of Astronomy in the Asia-Pacific Region. Proceedings of the ICOA-6 Conference.* Edited by Wayne Orchiston, Tsuko Nakamura, and Richard Strom, 243–338, New York: Springer, 2011.

Popper, Karl. *Conjectures and Refutations: The Growth of Scientific Knowledge.* New York: Basic Books, 1962.

———. *Unended Quest: An Intellectual Autobiography.* London: Open Court, 1982.

Rydin, Roger A. "The theory of Mercury's anomalous precession," *Proceedings of the NPA*, 8, 501–506, 2011.

Stanley, Matthew. "'An expedition to heal the wounds of war' The 1919 eclipse and Eddington as Quaker adventurer," *Isis*, 94, no. 1, 57–89, 2003.

Tice, John H. "The supposed planet Vulcan," *Scientific American*, 35, no. 25, 389, 1876.

第十三章　灿烂日冕

Adams, Walter S. and Alfred H. Joy. "The spectrum of RS Ophiuchi (Nova Ophiuchi No. 3)," *Publications of the Astronomical Society of the Pacific*, 45, no. 267, 249–252, 1933.

Amari, Tahar, Jean-Francois Luciani, and Jean-Jacques Aly. "Small-scale dynamo magnetism as the driver for the heating of the solar atmosphere," *Nature*, 522, issue 7555, 188–191, 2015.

Barnard, L., A. M. Portas, S. L. Gray, and R. G. Harrison. "The National Eclipse Weather Experiment: an assessment of citizen scientist weather observations," *Philosophical Transactions of the Royal Society A*, 374, issue 2077, 2016.

Billings, Donald E. *A Guide to the Solar Corona*. New York: Academic Press, 1966.

Claridge, George C. "Coronium," *Journal of the Royal Astronomical Society of Canada*, 31, no. 8, 337–346, 1937.

Dwivedi, Bhola N. and Kenneth J. H. Phillips. "The paradox of the Sun's hot corona," *Scientific American*, 284, issue 6, 40–47, 2001.

Eddy, John A. "The Maunder Minimum," *Science*, 192, 1189–1202, 1976.

——. "The case of the missing sunspots," *Scientific American*, 236, issue 5, 80–88, 1977.

——. "The historical record of solar activity," *Proceedings of the Conference on the Ancient Sun*. Boulder, Colo., 1979. Edited by R. O. Pepin, J. A. Eddy, and R. B. Merrill. *Geochimica et Cosmochimica Acta*. Supplement. 13, 119–134, 1980.

Edlén, Bengt. "An attempt to identify the emission lines in the spectrum of the solar corona," *Arkiv för Mathematic, Astronomi och Fysik*, 28B, 1–4, 1941.

Ferrer, José Joaquín de. "Observations of the eclipse of the sun, June 16th, 1806, made at Kinderhook, in the State of New-York," *Transactions of the American Philosophical Society*, 6, 264–275, 1809.

Fisher, R. R. "Optical observations of the solar corona," *Space Science Reviews*, 33, 9–16, 1982.

Golub, Leon and Jay M. Pasachoff. *The Solar Corona*. Cambridge, England: Cambridge University Press, 1997.

Grotrian, Walter. "Zur Frage der Deutung der Linien im Spektrum der Sonnennkorona," *Naturwissenschaften*, 27, 214, 1939. (English translation in K. R. Lang and O. Gingerich. *A Source Book in Astronomy and Astrophysics 1900–1975*. Cambridge, Mass.: Harvard University Press, 1979.)

Hahn, Michael and Daniel Savin. "Observational quantification of the energy dissipated by Alfen waves in a polar coronal hole: evidence that waves drive the fast solar wind," *The Astrophysical Journal*, 276, no. 2, 10 pp., 2013.

Lang, Kenneth R. *The Cambridge Encyclopedia of the Sun*. Cambridge, England: Cambridge University Press, 2001.

——. *Essential Astrophysics*. New York: Springer, 2013.

Maunder, E. Walter. "A prolonged sunspot minimum," *Knowledge: An Illustrated Magazine of Science*, 17, no. 8, 173–176, 1894.

Nesvorny, David and others. "Cometary origin of the zodiacal cloud and carbonaceous micrometeorites: Implications for hot debris disks," *Astrophysical Journal*, 713, 816–836, 2010.

Phillips, Kenneth J. H. *Guide to the Sun*. Cambridge, England: Cambridge University Press, 1992.

Schwabe, Heinrich and Hofrath Schwabe. "Sonnen—Beobachtungen im Jahre 1843," *Astronomische nachrichten*, 21, 234–235, 1844.

Steinhilber, Friedhelm and many others. "9,400 years of cosmic radiation and solar activity from ice cores and tree rings," *Proceedings of the National Academy of Sciences of the United States*, 109, no. 16, 5967–5971, 2012.

Stephenson, F. Richard, J. E. Jones, and L. V. Morrison. "The solar eclipse observed by Clavius in A.D. 1567," *Astronomy and Astrophysics*, 322, 347–351, 1997.

Tassoul, Jean-Louis and Monique Tassoul. *A Concise History of Solar and Stellar Physics*. Princeton, N.J.: Princeton University Press, 2004.

Usoskin, Ilya G., S. K. Solanki and G. A. Kovaltsov. "Grand minima and maxima of solar activity: New observational constraints," *Astronomy & Astrophysics*, 471, 301–309, 2007.

———. "A history of solar activity over millennia," *Living Reviews in Solar Physics*, 10, 1–94, 2013.

Young, Charles A. "Theories regarding the Sun's corona," *North American Review*, 140, no. 339, 173–182, 1885.

尾声　伊利诺伊州，2017

Espenak, Fred and Jay Anderson. "Get ready for America's coast-to-coast eclipse," *Sky and Telescope*, 131, no. 1, 22–28, 2016.

Gonzalez, Guillermo. "Wonderful eclipses," *News and Reviews in Astronomy & Geophysics*, 40, 3.18–3.20, 1999.

附录　日月食入门

Meeus, Jean. *Mathematical Astronomy Morsels*. Richmond, Va.: Willmann-Bell, Inc., 1997.

索引

（数字系原版书页码，在本书中为边码。）

A

B

C

D

E

F

G

H

I

J

K

L

M

N

O

P

R

S

T

U

V

W

Y

Z

图书在版编目（CIP）数据

太阳的面具 /（美）约翰·德沃夏克著；金泰峰译．—北京：商务印书馆，2019
（地平线系列）
ISBN 978-7-100-17264-6

Ⅰ.①太… Ⅱ.①约… ②金… Ⅲ.①日食—普及读物 Ⅳ.①P125.1-49

中国版本图书馆 CIP 数据核字（2019）第 060228 号

地平线系列
太阳的面具
〔美〕约翰·德沃夏克 著
金泰峰 译

商务印书馆出版
（北京王府井大街36号 邮政编码100710）
商务印书馆发行
北京艺辉伊航图文有限公司印刷
ISBN 978-7-100-17264-6
审图号：GS（2019）4498号

2019年10月第1版 开本 787×960 1/16
2019年10月北京第1次印刷 印张 21 插页 4

定价：68.00元